信息化战争工程作战理论创新丛书

工程保障论

主　编　唐振宇

副主编　王文文　刘正才

参　编　王龙生　房永智

高　俊　臧德龙

国防工業出版社

·北京·

内 容 简 介

本书以新时代军事战略方针为指导，着眼国家利益拓展、信息科技融合、战争形态演变、作战方式变革、使命任务变化对工程保障的新需求，在“信息化战争工程作战理论”体系下，对工程保障进行重新界定与切割，研究了工程保障主要任务、工程保障基本指导、工程保障方式、工程保障力量、工程保障指挥、工程保障装备技术及工程保障发展趋势等反映新时代、新发展、新变化的重点内容，推动工程保障理论创新发展，为具有智能化特征的信息化局部战争工程保障实践提供理论指导。

本书可作为军队院校有关工程保障课程教材，也可供部队指挥员与指挥机关参谋、相关理论研究人员参考。

图书在版编目（CIP）数据

工程保障论/唐振宇主编．—北京：国防工业出版社，2023.3

（信息化战争工程作战理论创新丛书）

ISBN 978－7－118－12725－6

Ⅰ.①工…　Ⅱ.①唐…　Ⅲ.①工程保障　Ⅳ.①E151

中国国家版本馆 CIP 数据核字（2023）第 041462 号

※

国防工業出版社出版发行

（北京市海淀区紫竹院南路 23 号　邮政编码 100048）

北京虎彩文化传播有限公司印刷

新华书店经售

*

开本 710×1000　1/16　**印张** 9¼　**字数** 153 千字

2023 年 3 月第 1 版第 1 次印刷　**印数** 1—1500 册　**定价** 75.00 元

国防书店：（010）88540777　　书店传真：（010）88540776

发行业务：（010）88540717　　发行传真：（010）88540762

信息化战争工程作战理论创新丛书
编审委员会

总　　序

从南昌起义建军至今，我军工程兵在党的坚强领导下，走过了艰难曲折、筚路蓝缕的90余年，一代又一代工程兵官兵忘我奉献、锐意进取、创新有为，不断推动工程兵革命化、现代化、正规化建设迈向更高层次。站在新时代的历史方位上，这支英雄的兵种该往哪里走，该往何处去？

——理论创新是最首要的创新，理论准备是最重要的准备

“得失之道，利在先知。”以创新的理论指引创新的实践，是一个国家、一支军队由弱到强、由衰向兴亘古不变的发展道理。在这样一个特殊的历史节点，如想深化推进工程作战理论创新，需要自觉将其置于特定的时代背景下理解认识，这主要基于三个原因：

一是艰巨使命任务的急迫呼唤。以陆军为例，其使命任务包括：捍卫国家领土安全，应对边境武装冲突、实施边境反击作战，支援策应海空军事斗争，参加首都防空和岛屿防卫作战；维护国内安全稳定，参加抢险救灾、反恐维稳等行动；保障国家利益，参加国际维和、人道主义救援，参与国际和地区军事安全事务，保护国家海外利益，与其他力量共同维护海洋、网络等新型领域安全的使命任务。不论执行哪种类型的使命任务，工程兵都是不可或缺的重要单元和有机组成，理应发挥重要作用、作出应有贡献，该如何认识、怎么定位工程兵，需要新的理论予以引领支撑。

二是全新战争形态的客观必需。作战形式全新，一体化联合作战成为基本作战形式，作战力量、作战空间、作战行动愈发一体化；制胜机理全新，战场由能量主导制胜向信息主导制胜转变，由平台制胜向体系制胜转变，由规模制胜向精确制胜转变；时空特性全新，时间高度压缩、急剧升值，空间空前拓展、多维交叠，时空转换更趋复杂。工程兵遂行作战任务对象变了、空间大了、要求高了、模式换了，该如何看、如何用、如何建、如何训，需要新的理论予以引领支撑。

三是磅礴军事实践的强力催生。军队调整改革带来工程兵职能定位、规模结构、力量编成的巨大变化，其战略、战役、战斗层次的力量编成更加明确，作战工程保障、战斗工程支援、工程对抗和工程兵特种作战不同力量的职能区分更清晰，工程兵部（分）队力量编制的标准性、体系性、融合性和模块化更突出，工程兵作战支援和作战保障要素更加完善。如何理解认识这些新变化、新情况、新特点，在坚持问题导向中不断破解问题、深化认识、推动发展，这些都需要新的理论予以引领支撑。

——只是现实力求成为思想是不够的，思想本身应当力求趋向现实

我军工程兵作战理论体系一直以来都以作战工程保障为核心概念，主要是与机械化战争特点一致、与区域防卫背景匹配的理论体系。不可否认的是，该理论体系愈发难以适应信息化局部战争的新特点，军事斗争准备向纵深推进的新形势，陆军全域作战的新任务，部队力量编成的新要求。主要体现在：

一是难以主动适应战争发展。信息化战争形态的更替演进，使作战思想、作战手段、作战时空、作战行动和作战力量等都发生了近乎颠覆性的变化，工程作战从内容到形式、从要素到结构等都发生了深刻变革。比如，信息化战争中信息作战成为重要作战形式，工程作战必须聚焦夺取和保持战场制信息权组织实施；再如，信息化战争中作战力量多维聚合、有机联动、耦合成体，工程作战力量组织形态必将呈现一体化特征；还如，信息化战争中参战力量多元、战场空间多维，工程作战任务随之大幅增加，难度强度倍增，等等，对于这种全方位、深层次的变化需求，现有的理论体系难以完全反映。

二是难以完整体现我军兵种特色。新时代的工程兵，职能任务不断拓展，技术水平持续跃升，作战运用愈发灵活，嵌入联合更为深度，如组织远海岛礁基地工程建设与维护、海上浮岛基地工程建设与维护、远海机动投送设施构筑与维护；再如敌防御前沿突击破障开辟道路、支援攻坚部队冲击；又如运用金属箔条、空飘角反射器、人工造雾等实施工程信息对抗；还如对敌指挥控制工程、主要军用设施工程、交通运输工程、后方补给工程及其他重要工程进行工程破袭等，均发生了较大改变，现有的理论体系还难以集中反映，亟须重新提炼新的作战概念、架构新的作战理论。

三是难以有效指导部队训练。军队领导指挥体制、规模结构和力量编成改革后，工程兵部队领导指挥关系、力量编成结构发生重大变化，随之必然带来角色定位、职能任务、运用方式、指挥协同、作战保障等的重大变化，且这种变化还在持续调整之中，如何主动跟进适应这种变化，进而超前引领部队训练，亟须创新的理论给予引领。

四是难以让人精准掌握认知。现行的工程兵作战理论，如具有代表性的“群队”编组理论等，总体上还比较概略化、传统，缺乏实证奠基、定量支撑，且并非适用于所有背景、全部情况，导致部队在实际运用中还存在吃不透、把不准、没法用的情况出现，亟须通过创新理论体系、改进研究方法、合理表述方式，努力从根本上改善这种情况。

五是难以强化学科严谨规范性。现有的工程兵作战理论体系主要以“三分天下”的作战工程保障、工程兵战术、工程兵作战指挥“老三学”为理论基础，但“老三学”本身的研究范畴界限就并非十分清晰，研究视点上有重复、内容上也有交叉，很难清晰界划剥离，对于兵种作战学科视域内出现的大量新问题、新情况，亟须通过学科自身的演进发展进行揭示和解决。

——如同人的任何创造活动一样，战争历来是分两次进行的，第一次是在军事家的头脑里，第二次是在现实中

作战概念创新反映对未来作战的预见，体现这种理论发展的精华，是构建先进作战理论体系的突破口。创新工程作战的核心概念，以此来构建全新的工程作战理论体系，是适应具有智能特征的信息化联合作战的客观要求，是有效履行工程兵使命任务的迫切需要，是推进工程兵转型发展的动力牵引，恰逢时也正当时。

该书以“工程作战”概念为统领，围绕“工程保障”“工程支援”“工程对抗”“工程特战”四个核心作战概念，通过概念重立、架构重塑、内容重建，建构全新的工程作战理论体系。丛书编委会在全面系统地总结和梳理了近年来工程兵作战和建设理论研究成果的基础上，编著了《工程保障论》《工程支援论》《工程对抗论》《工程特战论》，形成了“信息化战争工程作战理论创新丛书”。其中，“工程作战”是具有统摄地位的总概念，可定义为“综合运用工程技术和手段实施的一系列作战行动的统称”。可从以下四个方面进一步理解：一是从行动分类来看，主要是工程保障、工程支援、工程对抗和工程特战；二是从作战目的来看，主要是为保障和支援己方作战力量遂行作战任务，或通过直接打击或抗击敌人达成己方作战意图；三是从作战主体来看，主要是作战编成内的军队和地方力量，其中，工程兵是主要的专业化力量，其他军兵种是重要力量；四是从根本属性来看，“运用工程技术和手段”是工程作战区别其他作战形式的核心特征和根本标准。应该说，“工程作战”这个全新作战概念的提出，既凸显了工程技术的前提性、工程手段的专业性、工程力量的主体性，又集合了工程领域所涵盖的“打、抗、保、援”等不同类型和属性作战活动的丰富意蕴。在研究内涵上，“工程作战”既基于工程兵，又超越工程兵。在研究视域上，其既有对共性问题的全面探讨，也有对个性问题的深度探究。在研究逻辑上，其从概念设计入手，采取自底向上和自顶向下相结合的思路整体架构作战概念体系，并以此推导出符合信息化局部战争特点、军事斗争要求和部队力量编成实际的全新工程作战理论体系。具体来看，“工程支援”是从传统的“工程保障”概念中分立出来的新概念，主要从战斗层面，研究相关的工程作战活动，而这里的“工程保障”更多的是从战略战役层面，研究相关的工程作战活动；“工程对抗”是从战略、战役、战斗三个层面，对基于工程技术所特有的对抗属性，将与敌人直接发生各种兵力、火力、信息力交互关系的工程作战活动进行全面阐析；“工程特战”是从联合作战的整体维度，对利用工程技术手段和力量所实施的特种作战行动（无论其力量主体是谁）进行的系统阐释。在研究内容上，从重新确立核心概念入手，逐层深入分析阐释信息化战争、体系对抗背景下工程作战的相关问题。在研究方法上，注重理论演绎、实证分析、量化分析相结合，力求使研究观点与结论更加科学合理。

“谋篇难，凝意难，功夫重在下半篇。”显而易见，确立新概念并尝试初步建构新体系，仅仅跨出了工程作战理论创新的第一步。若想彻底完成理论的嬗变，需要广大理论研究人员，给予接力性、持久性、批判性的关注，合力开创工程作战理论新局面、新篇章。

丛书编委会

二〇二二年十月

前　　言

习近平总书记深刻指出："科学的军事理论就是战斗力，一支强大的军队必须有科学理论作指导。""要赢得军事竞争主动，最需要的是创新，根本出路在创新。"立足新时代，国家利益不断拓展、信息科技加速变革，世界新军事革命深入发展，速度之快、范围之广、程度之深、影响之大，前所未有。战争形态、制胜机理、作战方式正孕育由量变向质变的巨大变革，这对工程保障提出了许多新要求、新挑战。机遇与挑战始终并存，面对新需求，主动适应、迎难而上是唯一选择，而开拓创新、发展理论是先导工程。基于此，我们在 2016 年编写出版《作战工程保障论》的基础上，进一步聚焦近年来新变化，研究编写了《工程保障论》。

本书以新时代军事战略方针为指导，以现有工程保障理论为基础，对工程保障理论重点内容进行了研究，所求不是面面俱到，而是紧紧抓住对工程保障具有重大影响的新变化、新发展，在"信息化战争工程作战理论"体系下，突出前瞻性、引领性、指导性。其主要创新点：一是重新阐述了工程保障概念与内涵，重点厘清与工程支援、工程对抗等概念间的联系与区别；二是研究了工程保障在保障信息作战、保障作战体系安全稳定、保障战略战役机动、保障海上作战与维权以及保障海外军事行动等方面的任务新拓展；三是提出网信支撑、融合一体、创新驱动、智能高效等反映信息化联合作战工程保障新情况、新发展的指导性规律；四是基于军民融合发展战略，论述了工程保障专业力量和军地工程保障力量运用方式；五是构建了军民一体、上下衔接、简捷科学的战略、战役、战斗工程保障指挥体系；六是基于战争形态、作战形式、使命任务对工程保障装备技术的新要求，阐述了工程保障装备与工程技术发展的方向与重点。

军事理论贵在创新、难在创新。在科学技术变革周期、武器装备研制周期、战争形态演变周期越来越短，时代发展变化越来越快、越来越剧烈时，本书也仅是对工程保障未来发展的尝试和探索，以期推进工程保障理论创新，指导工程保障实践。本书编制体制主要依据截止至2020年4月。不足之处在所难免，恳请读者批评指正。

编　者

二〇二〇年十月

目　　录

第一章　概　　述

“工程保障”概念最早在20世纪30年代由苏军工程兵中将卡尔贝舍夫提出。我军从苏联引入这个概念后，曾有“工兵保障”“工兵保证”“工程保障”“工程保证”等不同译文。1956年，原中国人民解放军军事学院进行军语划一时，将其统一为“工程保障”，从此，“工程保障”一词正式进入《中国人民解放军军语》（以下简称《军语》）。在总结实践经验的基础上，经过系统研究，目前我军已经构建了完善的工程保障理论体系，在院校教学、部队训练、作战实践中发挥了重要作用。

进入新时代，战争准备的基点、军队领导管理和指挥体制、部队编制装备等都发生了深刻变化，迫切要求包括工程保障理论在内的作战理论要及时发展创新，才能跟上时代步伐，才能始终指导实践。

一、工程保障基本概念

概念是反映对象的本质属性的思维形式。厘清概念是研究问题的逻辑起点。正确认识理解工程保障的概念，首先必须在新的概念框架内，充分理解保障、支援的定义与内涵。

（一）保障

《军语》认为，保障是军队为遂行任务和满足其他需求而在有关方面组织实施的保证性和服务性的活动。可以看出，这里所说的保障作为军语体系中的概念，其主体是军队，目的是遂行任务和满足其他需求，涉及多个领域、多个方面，其本质是一种军事活动，其性质是保证性和服务性。在我军的军语体系中，保障是一个大概念，近年来，也有人多用“综合保障”来表示，并认为综合保障包括作战保障、后勤保障和装备保障。

（二）支援与工程支援

目前《军语》中对于支援的解释是：指挥员将直接掌握和所属某一个部队的兵力兵器，援助所属另一个部队或友邻的行动。可以看出，这里的支援是加强的一种主要方式，与之对应的还有“配属”。配属是指挥员将直接掌握和所属某一个部队的一部分兵力兵器，临时调归所属另一部队指挥与使用的行动，是加强的另一种主要方式。两者的区别在于，支援时，共同上级不把支援力量指挥权移交被支援力量；而配属时，共同上级将配属力量指挥权移交被配属力量。所以，在目前军语体系中的支援，仅是加强的一种方式，本质上与以上所说的“保障”并不是一类概念。

实际上，我军一直把苏军作战理论中相应概念译为保障。但美军作战理论中相应概念用词为“support”，我军翻译时有的译为“保障”，有的译为“支援”，但其在美军作战理论中是一个词、一种解释，只是我军翻译成了两个词。

有很长一段时间，在我军的军语体系中一直使用“保障”一词，但近年来，“支援”一词运用越来越多。类似地，“作战支援”“工程支援”的概念运用也越来越多。在工程保障领域，虽然作战理论体系中工程保障概念的内涵和外延是明确的，但人们有时又将其中与敌密切接触、直接对抗或受敌火威胁较大的一部分工程保障活动称为工程支援，但是并没有在军语体系中规范。特别是在国防和军队改革过程中，合成旅和部分兵种旅下编有作战支援营和勤务保障营，将“作战支援”与“勤务保障”两个概念并列起来，正式提出“支援”和“作战支援”概念。这就必须对“支援”和“保障”两个概念进行界定和区分了。

从作战支援营下属的力量可以看出，在论证编制时，似乎有意将原来属于作战保障的内容定义为“作战支援”，而将原来后勤和装备保障的内容定义为“勤务保障”。

据此，对于“支援”可以这样定义，支援是为满足作战需要而在有关方面组织实施的直接支持作战行动的军事活动。可从以下三个方面理解：第一，支援的目的是满足作战需要；第二，其本质上是一种军事活动；第三，其与敌对抗性弱于直接作战行动（或者称为主战行动），但要强于保障行动。

按照以上定义，我们可以认为作战理论中的支援等同于作战支援，主要包括警戒、通信、工程、伪装、核化生防护等内容。其中，工程方面的支援称为工程支援。

（三）工程保障

现行《军语》中将工程保障定义为军队为遂行作战和其他任务而在工程方面组织实施的保障。其基本任务是保障己方战场机动和隐蔽安全、指挥稳定等，阻止和迟滞敌方机动。其按层次，分为战略工程保障、战役工程保障和战斗工程保障；按任务属性，分为作战工程保障、非战争军事行动工程保障和其他军事活动工程保障。对应地，将作战工程保障定义为为遂行作战任务而在工程方面组织实施的保障。由此可以看出，准确地讲，工程保障与作战工程保障是包含与被包含的关系，工程保障概念的外延大于作战工程保障概念的外延。但人们常常用工程保障来特指作战工程保障。

在建立了“工程作战”概念、区分了“支援”与“保障”之后，保障的内涵和外延都发生了变化，本书把作战工程保障定义为：为顺利遂行作战任务，主要在战略、战役层面，综合运用工程手段实施的工程作战行动。本书主要研究作战问题，以下所说工程保障特指作战工程保障。

从工程作战概念体系来看，理解工程保障概念应注意把握以下几个方面：第一，对于工程支援主要体现在战斗层次来说，工程保障主要体现在战略和战役层次；第二，工程保障的目的是保障作战行动顺利进行；第三，工程保障的基本措施是工程技术手段的综合运用；第四，工程保障是作战保障的重要内容。

二、工程保障主要特点

对于作战行动、工程支援、后勤保障、装备保障来说，工程保障具有以下主要特点。

（一）从属性

从属性主要是指工程保障作为作战保障的重要内容，其目的是确保作战行动顺利进行，因此，它从属于作战行动。这是由保障行动的本质属性决定的。一是保障内容从属于作战行动，如作战力量地面机动，就要求有地面机动工程保障；空中机动，就要求有机场工程保障、构筑直升机起降场等。二是保障时间从属于作战行动，战时工程保障筹划是在合成军队指挥员、指挥机关作战筹划的框架内进行的，是作战筹划的内容，在相应的指挥流程内进行；而平时工程保障筹划是在国防建设筹划的体制框架下进行的，是支撑作战、战争准备的重要内容。三是保障力量从属于作战行动，在作战过程中，作战编成内的所有作战力量，都要担负一定的工程保障任务。所以，作战编成内有什么力量，工程保障力量就包括哪些力量。

（二）全局性

作战工程保障要素多、涉及面广、影响大，也是一个全局性的工程作战行动，必须着眼全局来筹划、组织。一是必须从战争全局和作战全局的高度来统筹考虑工程项目。特别是战略工程保障最为明显，战略工程保障是为准备和进行战争而组织实施的工程保障，必须着眼于战争全局，善于从战争全局的高度筹划实施军事工程的建设与运用，要合理布局、讲求整体效益、与战争全局相一致。二是工程保障力量的全局性。工程保障力量既包括工程兵，也包括作战编成内的其他军兵种，还包括各个层级、类型的地方力量。因此，工程保障力量涉及国家、军队、地方等多个层面、多支力量，需要根据不同力量的特点灵活地使用。

（三）全时性

全时性是指工程保障筹划与行动贯穿平时和战时。特别是战略工程保障，不是为某个战役、战斗服务，而是为战争服务的，其涉及的指挥防护工程、战场阵地工程、机动工程、反机动工程、伪装工程、给水工程的建设，规模大、建设周期和使用时间长、动用人员多、地位作用重要，仅靠战时建设是不可能的，必须在平时根据国家面临的安全威胁和对未来战争的预想，进行规划、选址、建设，战时直接运用，为战争服务，也就是说是平时建设、战时运用，呈现出平战结合和全时运用的特点。

（四）规模性

规模性是指工程保障特别是战略工程保障、战役工程保障涉及的工程保障行动多、力量多样、任务繁重、规模较大、周期较长。如在战略工程保障中，有的指挥防护工程的建设可能需要若干年才能完成；战场阵地工程建设可能涉及上百万米；机动工程建设需要融入国家经济发展和基础设施建设全局，集全国和地方相关力量，历经若干年才能逐步完成。战役工程保障相对于战斗工程保障来说，战役地幅面积大、工程项目多、规模较大、持续时间较长、需要力量数量多，规模明显大于战斗工程保障。

（五）主动性

主动性是指作战工程保障不仅在战时需要积极筹划，在和平时期，更需要主动筹划布局指挥防护工程、战场阵地工程、机动工程、反机动工程、伪装工程、给水工程的建设，这些国防工程设施战时对作战具有重要的制约与影响作用。特别是随着我国维护领土完整、维护发展利益任务的不断拓展，更需要我们主动适应形势变化，在平时积极谋划远海岛礁基地、海上（外）基地、远海投送设施等的建设与布局，其建设周期长、工程量大的特点，决定了如果平时不主动作为、积极筹划、大力建设，战前很难突击完成，战时就会失去依托。对于其他作战行动在战时靠战争惯性被迫行动而言，作战工程保障的主动性特征尤其明显。

三、工程保障地位与作用

在未来信息化战争和信息化联合作战中，工程保障地位重要、作用突出。

（一）工程保障是确保指挥稳定的重要保证

指挥防护工程是战时确保战略、战役指挥机构、指挥人员安全，确保指挥稳定的重要保证，对维护国家稳定和战役指挥稳定具有特殊的重要作用。这也使大型指挥防护工程成为敌方重点打击的目标。美军北美防空司令部设在著名的夏延山地下防护工程内，在花岗岩石体内开凿出巨大的地下空间，建设了15栋大楼，防护层厚度达到了600米，使其具备了超强的防护能力，可以抵御核武器打击，能够确保战时在任何情况下北美防空军的指挥稳定。平时，根据国家幅员、安全威胁和战争准备需要，合理选址，加强大型指挥防护工程建设具有重大战略意义。战时，根据战略指挥的需要，适时启封、启用指挥防护工程，加强指挥防护工程的维护、抢修、抢建和防卫，确保指挥防护工程安全、隐蔽地运行，对于确保战略、战役指挥稳定也具有重大战略意义。因此，工程保障是确保指挥稳定的重要保证。

（二）工程保障是保障作战力量战场机动的重要基础

战略机动工程平时是国民经济运行命脉，是国家基础设施网络的组成部分，战时是作战力量战场机动的依托，是构建对敌有利态势、取得作战胜利的重要基础。战略机动工程，特别是骨干、重点机动工程和边海防及特殊地区机动工程的建设，都被列入国家战略，由国家综合考虑国防和地方经济发展需要，进行整体规划、分步建设。有特殊需要的单独建设，或在建设时根据国防需要对其中某一段提高建设标准，如高速公路、国道根据总体布局需要，对其中某段按照野战跑道的标准进行建设，供战时飞机起降使用。对于地处偏远的边海防道路，根据国防需要进行合理筹划、适时建设，确保战时需要。战役纵深内，根据战役作战需要，构建战役道路网、机场网、港口网等机动网络，采取利用原有道路、抢修遭破坏的道路、构筑急造军路、构筑与抢修野战机场、构筑直升机起降场等措施，确保作战力量战场机动。因此，工程保障是保障作战力量战场机动的重要基础。

（三）工程保障是提高部队战场生存能力的重要依托

战略、战役工程保障中战场阵地工程、伪装工程、给水工程的建设，对于战时确保人员、武器装备、重要目标的生存，提高武器装备的使用效能，确保人员、装备、车辆用水和洗消用水，具有重要意义。在重要战略方向，根据作战行动需要，预先构筑完善的战场阵地工程，可以大大提高战时作战的效益。伪装工程可以有效提高高价值目标的战场生存能力。特别是边境地区、缺水地区、山区的给水工程建设，平时可以扶贫，改善群众用水难的局面，战时可以支撑作战行动。这对于提高军队整体作战能力、打赢战争、实现战略意图，都具有非常重要的战略意义。

（四）工程保障是维护国家战略利益的重要支撑

近年来，随着国际形势的发展变化，为维护我国国家利益拓展需要，我国在南海部分岛礁开展了大规模建设，建成了吉布提保障基地等军事基地，这些重要设施的建设与运用都属于战略工程保障的范畴。南海岛礁的建设，为我军维护南海主权和经济利益、确保海上重要通道的战略安全、应对强敌对我战略威胁与战略讹诈、打赢可能发生的海上战争，提供了重要的支撑，确保了作战力量前沿存在，有力地支撑了我国军事斗争。吉布提保障基地等的建设，为我国军事力量走出去，确保在全球重要敏感地区军事存在，提高我国参与重大国际问题话语权，保护我国以“一带一路”建设为重点的国家利益，确保重大国际海上通道安全，具有开创性的重大意义。因此，工程保障是维护国家战略利益的重要支撑。

第二章　工程保障主要任务

进入新时代，战争形态加速向信息化战争演变，战争制胜机制、作战领域和方式方法发生重大变化；军事斗争准备日趋严峻，安全威胁多元复杂，遇到的外部阻力和挑战明显增多，生存安全问题和发展安全问题、传统安全威胁和非传统安全威胁相互交织，维护国家统一、维护领土完整、维护发展利益的任务艰巨繁重，海上作战行动和海外军事行动日益凸显；军队转型建设加速推进，新型作战力量和新型武器装备加速发展并广泛运用，军队力量体系结构和战斗力生成模式发生重大变化。工程保障作为综合运用工程技术手段保障军队作战行动顺利实施的工程作战行动，除了在保障战场机动、伪装防护、阵地工程建设等方面继续发挥重要作用，其任务必将随着作战空间领域、作战方式方法和作战力量结构的变化而进一步拓展。

一、保障信息作战

信息化战争是以对信息及信息技术的运用为基础的战争，其主要特征是以信息和信息技术为主导，以信息流控制物质流、能量流。一方面，信息化武器装备和军队作战行动对信息和信息技术的依赖达到“须臾不可离开”的地步；另一方面，信息和信息技术又使人和武器等在内的物质资源的作战能量发挥至极致，军队的作战能力得到极大提高。因此，信息作为信息化战争的战略资源，其重要性日益上升，成为战争制胜的主导要素，既渗透到作战行动和指挥活动的各个环节，也渗透到武器装备和作战保障中，与整个作战体系紧密融合在一起，主导作战、支撑决策、服务指挥，成为战斗力的倍增器。信息领域成为新边疆、新高地，制信息权成为首要制权，夺取制信息权成为信息化战争的基础，贯穿战争始终，影响战争胜负，信息作战成为信息化战争的主导作战行动。伊拉克战争中，伊拉克上空星罗棋布的侦察卫星、预警机、侦察机，红海、波斯湾上的侦察舰船，在沙特阿拉伯、约旦、土耳其等伊拉克周边国家部署的雷达和侦听设施，以及渗透到伊拉克的特种部队人员，构成了美英联军完备的信息侦察预警系统，可以 24 小时不间断地获取战场态势情报，实现战场情况单向透明。同时，美英联军注重加强对伊军的信息攻击和遮蔽，斩断伊军的“信息链”。美国特种部队潜入巴格达和萨达姆的家乡提克里特，用便携式计算机入侵并关闭了伊拉克的通信系统和电力设施，切断萨达姆与其高级指挥官的联系。面对美军的电子斩“首”，伊军指挥系统完全瘫痪，40 万名伊军群龙无首、不堪一击。在 2008 年俄格冲突中，俄罗斯首先对格鲁吉亚计算机网络实施全面攻击，使格鲁吉亚信息网络系统瘫痪，这为后续作战提供了有力支持。在 2011 年美国等西方国家对利比亚的入侵中，美军利用“舒特”系统对利军实施了“无线网络入侵”，通过机载平台，向利防空预警雷达接收天线注入数据，无线侵入利比亚防空预警情报网络，嵌入提前准备好的算法程序，不仅成功窃取相关信息，而且以系统管理员的身份接管利比亚整个防空预警情报网络，致使利军门户洞开。近年来的几场信息化战争表明，作战行动基本上都是首先用各种手段来削弱甚至剥夺对手的信息能力，从而影响、削弱以至彻底破坏对手观察、决策和指挥控制部队的能力，使其失去大脑和神经，造成整个作战系统的瘫痪。在信息化战争中，谁掌握了制信息权，谁就掌握了战争主动权。而丧失了制信息权，战场指挥员将无法决策和指挥协调部队，飞机将无法升空，导弹将无法发射，军队将无法行动，作战系统处于瘫痪状态，并可能成为敌方精确打击的活靶子，毫无战斗力可言。

美军《联合信息作战条令（JP－13）》中，对“信息作战”进行定义：“指在影响敌方信息和信息系统同时保护己方信息和信息系统而采取的行动。”美国陆军 FM 3－3 信息作战条令《战术与技术程序》中指出，信息作战是“影响敌方及‘其他方’的决策过程、信息和信息系统，同时保护己方的信息和信息系统而采取的行动。”根据我军信息化建设和发展实际，信息作战是为夺取和保持战场制信息权，以软杀伤和硬摧毁一体化作战手段和行动，以干扰、破坏敌方的信息和信息系统，削弱敌方信息获取、传输、处理和决策能力，同时保护己方信息系统稳定运行、信息安全和正确决策为目的的一系列作战行动。信息作战作为贯彻各种作战中的作战行动，呈现出许多新特点。围绕夺取和保持战场制信息权，运用工程措施保障信息作战行动，将成为未来工程保障的首要任务。

（一）组织实施战场工程信息保障

战场工程信息是战场信息不可或缺的重要组成部分。实时获取、传输、处理战场工程信息，组织实施战场工程信息保障，不仅是保障合成部队指挥员与指挥机关组织实施工程保障的需要，也是保障联合作战指挥决策的需要，进而成为夺取和保持战场信息优势的重要组成部分。新体制编制下，工程防化旅的机动保障营、筑城伪装营、舟桥营等各工程兵专业营专门编设了工程侦察班，编配工程侦察车和便携式数字勘察系统，战时可编组1个车载工程侦察组和1个徒步工程侦察组，具备多种地形条件下的机动工程侦察能力；在作战支援营新建了工程和核生化信息中心，下辖工程信息队，编配轮式方舱综合信息车，平时负责战役方向水文、地质、气象、兵要地志等工程信息的收集、整编和储存，战时可编组3个工程信息处理站，作为战役军团工程信息保障单元，融入集团军情报信息体系发挥作用。战场工程信息保障的主要任务是工程信息的获取、处理与传输、工程基础信息应用、战场工程信息基础设施运用和对作战指挥控制、作战行动和工程作业的信息支援。其基本内容主要表现在3个方面：一是战场工程感知，包括获取有关己方、敌方的工程信息以及影响工程保障实施的地理条件（地形、天气、水文情况等），为各级指挥人员提供工程兵力量的状况和作业能力。战场工程感知有3个支撑点，即实时的工程信息采集、精确的工程信息支配、不间断地了解战场工程情况。二是建立可靠的工程信息网络，通过灵活、快速配置的网络服务支持战场的连通性，并自动帮助作战单元存取工程信息。三是更有效地使用工程保障力量，在战场工程信息支撑下，指挥员通过比敌方更清楚地了解战场工程保障需求，从而预先规划与抢占工程保障先机。

（二）运用工程手段组织实施信息防护

工程保障作为体系作战保障的重要组成部分，在贯穿体系作战行动全过程的信息作战中，由于自身所具有的专业属性特点，可充分运用伪装和工程防护措施和手段，在隐蔽信息源、干扰敌方侦察、切断敌方信息获取链路、组织信息防护中发挥着不可替代的作用。其主要任务是综合运用防护工程措施，减少或削弱我方信息电磁信号外泄，对重要目标、重要行动实施严密伪装，以达到屏蔽“信息源”、切断“信息传播链路”的目的，使其无法获取我军战场真实信息。

（三）运用工程措施保障信息系统及信息传输的安全

保障信息作战力量的安全和行动是信息作战工程保障的一项重要任务。在信息作战中，信息作战力量面临着敌方远程精确火力打击的严重威胁，必须构筑工事加强防护；同时由于信息作战力量的电子战设备和信息系统极易受到敌电磁攻击，对工事防护提出了更高要求，工事不但要有防敌火力“硬杀伤”的功能，还要有防敌电磁攻击等“软杀伤”的功能。综合运用各种工程措施，快速隐蔽构筑指挥控制中心的各种工事，适应战场流动性和指挥流动性需要，快速隐蔽地机动转移指挥控制中心，消除或削弱指挥控制中心的各种暴露征候，构筑和设置假指挥控制中心，抢修和恢复指挥控制中心工事及附属设施，确保指挥与信息收集、处理、传输的稳定。例如：增加防护层厚度；采用新型的防护材料；改变工程的内部结构；设置主动和被动遮弹层；提高防护工程的抗震和隔震能力；在工事外围设置屏蔽网或屏蔽罩，改变指挥所口部的工程结构，将电缆埋入地下；等等。

二、保障作战体系安全稳定与正常运转

体系对抗是信息化战争的本质特征。有效打击、破坏对方作战体系和充分保护己方作战体系的稳定安全是打赢信息化战争的关键。现代超视距远程侦察和精确打击武器系统的发展和在战争中的广泛运用，极大地促进了远距离作战方式的运用，在系统性对抗日益增强的信息化战争中，远程侦察、精确打击因其能在瘫痪敌方作战系统方面起到以点制面的作用，成为信息化战争的标志性行动，以精确打击瘫痪敌方作战系统成为信息化战争最显著特征与最佳作战手段，已在海湾战争、科索沃战争、伊拉克战争中得到广泛运用。在伊拉克战争中，美英联军投入1600余架各型飞机和近千架直升机，发射“战斧”巡航导弹800余枚，精确制导炸弹20000余枚，同时还大规模地使用GBU－37、GBU－28和JDAM联合攻击2型钻地武器，对伊拉克政府大楼、导弹发射架、重兵集团、指挥及防空系统等政治、军事要害目标进行了大规模远程精确火力突击，有效摧毁了伊军的防御工事和装甲火力等目标，使伊军的地下防御体系遭受致命的打击，充分显示了远程侦察和精确打击对战争进程、结局的影响。因此，对敌实施远程侦察、精确打击和抗击敌方远程侦察、精确打击成为我军未来信息化

战争必须面对和实施的主要作战行动，无论是对海上方向联合火力打击、岛屿封锁，还是抗击强敌介入或入侵的空袭、反空袭作战，都将紧紧围绕远程侦察、精确打击和抗敌远程侦察、精确打击进行。

工程保障是构成作战体系不可或缺的重要组成部分，是保障作战体系安全稳定和正常运转的重要手段。在未来信息化战争中，特别是在“敌优我劣”和“敌高我低”的总体态势下，工程伪装是战场上的“魔术师”，工程防护是战场上的“保护神”，两者将成为与敌对抗的重要手段，运用各种工程技术和手段，对首脑指挥防护工程、具有战略价值的战役指挥中心和边海防设防重点工程，以及重兵集团、交通、电力、通信枢纽等作战体系中的重要目标实施伪装和防护，能有效地稳定战略战役指挥、保存战争力量、保障武器装备作战效能充分发挥。综合运用防护工程、伪装工程和障碍工程等，保障作战体系的结构完整、力量安全以及作战力量正常发挥作战效能，成为信息化战争工程保障的重要任务。

（一）组织实施指挥防护工程构筑与维护

指挥系统是作战指挥的中枢，是信息化战争作战体系核心组成要素，也是敌重点打击摧毁的目标。运用各种打击手段首先摧毁对方的指挥系统是信息化战争的显著特点，美军在近期进行的几场信息化局部战争中，都把对方的指挥系统作为首轮突击的目标。在海湾战争中，多国部队制定的战区作战5项主要打击目标中，把打击伊拉克的政治军事统帅机构和指挥控制系统列为首要目标。在伊拉克战争中，美军创新运用“斩首行动”战法，在精确侦察的基础上，运用精确制导武器对伊拉克首脑目标实施打击。运用防护工程技术、工程伪装技术和电子屏蔽技术构建坚固完善的指挥工程，是对抗敌精确侦察和精确打击、保障指挥人员和指挥系统安全运转的重要措施，能有效地对抗敌军火力“硬”打击和电磁“软”杀伤，对稳定指挥起着关键作用。经过几十年的战场工程准备，我军已形成了以首脑指挥工程、战区指挥工程、主要方向集团军指挥工程等组成的指挥工程体系，但与未来信息化战争联合作战和军事斗争需要相比，在功能、结构、布局等方面还存在一定的差距。因此，需要按照新的战略布局调整，从保障联合作战、机动作战指挥的需要和指挥工程面临的新威胁出发，对原有战略首脑指挥工程、战区指挥工程、战区方向指挥工程进行功能、结构和信息化改造，拓展指挥防护工程的保障功能，实现指挥防护工程地下化、隐蔽化，防敌精确打击、防敌钻地炸弹、防敌电磁毁伤，全面提升指挥防护工程的抗摧毁能力、快速反应能力以及综合保障能力；针对新时代军事斗争准备需要，在重点地区和主要战略方向新建、扩建战区和战区方向指挥工程，规划构筑野战指挥工程，使之完善配套；组织力量对指挥工程进行常态化维护管理，计划组织战时指挥工程快速抢修抢建，构建适应信息化局部战争和军事斗争需要的指挥防护工程体系。

（二）组织实施阵地（基地）防护工程构筑与维护

飞机、舰艇、导弹、远程火炮、电子战系统是我军对敌军实施远程火力打击的主体力量，战场侦察监视系统、重兵集团、高新武器装备系统、后勤装备保障系统等是支撑作战体系的重要力量，对战争进程和结局有着举足轻重的作用，其安全和作战效能的发挥除了受自身的战术技术性能制约，在很大程度上需要依靠特殊的工程措施进行保障。阵地（基地）防护工程既是保障作战体系重要力量发挥作战效能的重要依托，又是抗击敌空地一体突击、保障人员和武器装备生存的重要手段与途径。海湾战争中，伊拉克构筑了大量地下防护工事，用于隐蔽导弹、坦克、火炮等高技术兵器，还构筑了多处大型屯兵工事，有效抗击了多国部队的空袭，保存了战争实力和潜力。我军经过较长时期的战场准备和国防工程建设，阵地（基地）防护工程建设虽已初具规模，但与信息化战争和新时代军事斗争需要相比仍有较大差距，主要表现为布局结构和数量不适应作战需要，原有的战术技术指标满足不了新型兵器的使用需求，或者原有工程设施年久失修，配套设施不全，大量的新型作战力量还缺阵地（基地）防护工程。为此，要通过有针对性地扩建和改造原有工程，增大容量和提高战术技术指标；在重要战区和主要方向，规划建设飞机、导弹、舰艇、远程火炮、电子战、直升机等新型作战力量的阵地（基地）防护工程；在指挥系统、战场侦察监视系统、重兵集团、高新武器装备系统等重要的军事目标周围规划构筑防空阵地工程；在主要战略战役方向的预设战场和预定作战地区规划构筑防御阵地、反击阵地、预定歼敌阵地、兵力兵器驻屯阵地。

（三）组织实施重要经济目标的工程防护

大型水利工程、大型工厂、重要交通枢纽、核电站等重要经济目标既是国家经济的命脉、战争实力的重要因素，又是支撑作战体系的重要物质基础。加大重要经济目标的防护，对保持国家稳定，保存战争潜力和持久作战能力具有十分重要的作用。大型经济目标的防护十分困难，但由于其地位重要，必须高度重视，积极采取有效措施加强防护。在建设之前要充分论证，既要考虑其经济价值，又要考虑其军事价值，同时还要充分顾全战时防护和减灾问题，要研制能对抗敌雷达、红外、激光侦察系统和干扰敌精确制导武器的新型防护器材。

（四）组织实施战略战役工程伪装

由于侦察监视技术和手段的发展及广泛运用，信息化战争战场透明度空前提高，但近期信息化局部战争实践表明，伪装仍然是一种隐蔽部队行动和企图的重要措施，也是提高战场生存能力和消耗敌方作战力量的有效手段。采取各种工程技术手段对重要目标和行动进行隐真示假，可以降低敌方的侦察效果和打击兵器命中率，有效隐蔽我方作战部署和企图，提高作战体系的战场生存能力和作战行动的隐蔽性与突然性。信息化战场工程伪装的主要任务包括对指挥所、机场、港口、导弹发射阵地、通信枢纽、重兵集团配置地域、战役后方部署，以及重要桥梁、重要道路路段和交通枢纽等进行隐真伪装；构筑设置假目标，如构筑假指挥所、假配置地域、假导弹阵地、假港口、假机场、假桥梁等，在特定方向实施工程佯动；设置偶极子干扰物、金属箔条等对敌方实施无源干扰。

三、保障战略战役机动

随着我国陆军按照机动作战、立体攻防的战略要求，实现区域防卫型向全域机动型转变；海军按照近海防御、远海防卫的战略要求，实现近海防御型向远海防卫型转变；空军按照空天一体、攻防兼备的战略要求，实现国土防空型向攻防兼备型转变，我军作战视野和作战空间将进一步拓展，战略、战役机动成为我军未来遂行作战任务的前提和保证，同时战略战役机动本身也是一种作战行动。而战略、战役机动工程设施既是国家的经济命脉，又是保障战略、战役机动的重要依托。近期发生的信息化局部战争表明，作战双方把破坏对方战略、战役机动工程设施作为限制对方战略、战役机动，割裂、破坏对方战争体系，削弱对方战争潜力的重要手段，战略、战役机动工程设施的破坏与反破坏是未来作战双方争夺的焦点。海湾战争中，美军对伊拉克交通设施进行重点打击，炸毁了伊军的所有机场和贯穿伊境内两条河流上的 36 座桥梁中的 33 座，切断了伊军通往前方的一切交通线；科索沃战争中，北约空袭炸毁了南联盟 12 条铁路、50 多座桥梁、5 条公路干线、5 个民用机场。加之我国幅员辽阔，战略、战役机动距离远；周边形势复杂，战略、战役机动方向多；宽大江河多，克服困难，战略、战役机动工程保障任务艰巨。为此，保障战略战役机动将成为工程保障的重要内容。

（一）规划、构建完善的战略、战役机动工程网

为适应未来作战的需要，应建立以公路、铁路网为骨干，综合利用水路和机场的立体战略、战役机动工程网。平时公路、铁路建设应兼顾未来作战方向、重点地区的机动需要。东南沿海地区，有重点地扩建港口、渡口；加强永备机场维护，适时构筑野战机场。西南高寒地区，应针对该地区山高坡陡、地表起伏大、地形割裂、沟谷纵横的

特点，紧紧围绕确保主要通道的畅通，改善道路的状况，提高道路的通行能力；采取各种有效措施，对机动工程设施的重要部位，进行不间断的维护和抢修，抗击敌方对机动工程设施实施的空中遮断。充分发挥各种机动工程网的优长，使铁路、公路、水路和空运相互配合、相互补充，形成一个有机联系的整体，确保我军战略、战役机动。

（二）克服宽大江河障碍

我国宽大江河众多，每座大型桥梁都是敌方“先制”“反制”作战打击的重点。据统计，海湾战争和科索沃战争中，大中型桥梁破坏率在95%以上。这些宽大江河上的桥梁一旦遭敌方破坏，修复难度很大，将成为我军未来作战中实施战略、战役机动的重大障碍。必须加强研究，进行必要的工程准备。首先，要通过对这些大中型桥梁进行伪装，对宽大江河上的大中型桥梁实施工程防护；其次，要制订宽大江河上的大中型桥梁遭破坏后的抢修方案，在其附近储备必要的抢修器材，部署抢修兵力；最后，要做好运用工程兵舟桥部队开设浮桥、门桥渡场克服宽大江河障碍的准备，运用浮桥、门桥渡场克服宽大江河障碍，架设速度快，输送能力强。目前，我军已装备了专门克服宽大江河障碍的重型、特种舟桥器材，并具有在长江中下游克服开设浮桥、门桥渡场的实践经验。

（三）保障战役地幅内的机动作战

机动作战、立体攻防是对陆军的战略要求。创造战机、捕捉战机、利用战机，保持有利的态势、摆脱不利地位等，往往需要通过广泛的战场机动来实现，而可靠的机动工程保障则是确保机动的必要条件。在海湾战争中美军第18空降师和第7军分别同时机动200英里（1英里≈1609.34米）和150英里，在作战中顺利采取了“蛙跳式”突击、快速穿插、迂回、包围等行动，迅速取得地面进攻作战的胜利，这一切与可靠的机动工程保障是分不开的。正如多国部队的一位指挥官所说：“我们的地面进攻，能在短短4天取得如此辉煌的战绩，有效的工程保障是通向胜利的保证。”在机动作战中，工程保障的主要任务包括：构筑等级军路、急造军路，改善和抢修原有道路，保障人员和装备在地面的快速机动；在江河沟渠上架设军用桥梁，抢修和加固原有桥梁，架设浮桥，构筑和维护不同类型的浮桥渡场，保障部队顺利通过江河沟渠等障碍；构筑和维护直升机起降场或起降地带、着陆跑道，抢修原有机场设施，满足航空兵在前方作战地域对地面设施的要求，保障航空兵或空中机动部队的立体机动；做好运用公路钢桥克服深沟宽壑障碍的准备，组建预备役工程兵部队进行公路钢桥架设训练，平时勘察定位、制订方案，预先构筑坡道、进出路和桥墩等，并进行必要的伪装。

四、保障海上作战与维权行动

海洋是国家的战略宝库，世界海洋资源开发潜力巨大。历史经验告诉我们，面向海洋则兴，放弃海洋则衰；国强则海权强，国弱则海权弱。我国既是陆地大国，也是海洋大国，拥有1.8万多千米大陆海岸线、1.4万多千米岛屿岸线、300万平方千米主张管辖海域，拥有广泛的海洋战略利益。当前，我国海上安全环境更趋复杂，与一些海上邻国存在的领土主权和海洋权益争端扩大化、联动化趋势不断发展，将长期面对遏制与反遏制、分裂与反分裂、侵权与反侵权等矛盾和斗争。日本政治右倾化加剧，持续推进修宪、扩军进程，军事进攻性、冒险性趋向明显，不断在钓鱼岛归属和海域划界问题上挑起事端，中日因钓鱼岛等问题发生军事对峙和武装冲突的可能性始终存在；南海局势国际化、多边化趋势加剧，有关国家在非法“占据”的中方岛礁上加强军事存在，企图侵蚀侵犯我国领海主权和海洋权益，我国面临着岛礁被侵占、资源被掠夺、海域被瓜分的严峻复杂局面；域外大国极力插手南海事务，个别国家对中国保持高频度海空抵近侦察，越南、菲律宾等国不断挑起事端，存在与中国发生海上军事摩擦或武装冲突的可能。因此，当前及今后一个时期，中国的主要战略威胁方向在海洋，国家利益拓展的主要战略空间在海洋，军事斗争准备的焦点也在海洋，海上作战和维权成为我军新时代军事斗争的重要内容。海上作战和维权行动是建立在多军兵种作战力量和要素高度融合基础上的体系与体系的对抗，是高立体、多领域、大范围、一体化的联合作战行动，并具有平战一体的全天时特征，涵盖军事威慑、危机处理、要域控制和联合反舰等行动。工程保障作为海上作战和维权行动的重要保障，是多维一体海上作战力量和维权力量实施远程机动快速到达部署预定作战海域、形成有利战场态势、保障整体作战功能发挥、保持长期存在的重要支撑，在海上作战和维权中具有极其重要的地位和作用。

（一）组织远海岛礁基地工程建设与维护

远海岛礁工程是我国行使海洋主权、开发海洋资源、利用海洋空间、固守海上交通要道的重要依托，是海防工程建设的重要内容。第二次世界大战期间，美国和澳大利亚出于军事需要，在太平洋中的珊瑚礁上构筑了多处机场和公路，至今仍在使用。日本于1966年开始建造神户人工岛，随后又建造了面积更大的六甲人工岛。近年，日本在远离本土且存在争议的冲之鸟礁进行人造珊瑚实验，并采用钢筋混凝土等材料对冲之鸟礁进行多次加固，企图变礁为“岛”，扩大其专属经济区。越南等国侵占我南沙岛礁后，开始大规模建造机场、码头、礁堡等岛礁工程。目前，我国远海岛礁工程建设相对滞后，部分岛礁被周边邻国蚕食侵占并修建工程设施，严重制约了我国海洋权益维护。我军远海岛礁工程先后经历了竹制临时性高脚屋、钢制半永久性高脚屋及目前的混凝土永久性礁堡等阶段，也曾在南沙渚碧礁、东门礁等改造工程中进行了装配式混凝土构件、钢制浮箱平台等技术研究。近年来，我国加大远海岛礁工程建设的规模和力度，积极推进“填海造岛工程”，并在部分岛礁建成机场，改善了我国远海作战和维权的态势。在西沙永兴岛修建了机场、码头及营房等设施，其他部分岛礁修建了礁堡工程等设施，但整体看，其规模小、功能单一、防御和抗灾能力薄弱，其战略地位和作用远未发挥。因此，要加强远海岛礁工程建设技术创新、理论创新和力量建设，选择自然地理条件较为优越的岛、礁、沙洲，通过吹沙造地、拓礁为岛、连岛成群，扩大远海岛礁面积；新建深水港口码头，深挖航道，修建机场跑道、专用仓库等配套设施以及防护设施，实现大礁盘有港口、小礁盘有码头，所有岛礁均能靠岸补给、均有航道畅通连接；拓展远海岛礁功能作用，积极修建、不断完善岛礁内的阵地工事、防护工事，使岛礁成为我国遂行远海作战和维权、具备攻防一体的海上重要据点。

（二）组织实施海上浮岛基地工程建设与维护

中国依托海上巨型浮岛部署部队、装备和军事工程设施，从而构建了形成能够驻屯一定数量规模的军事力量、具有一定规模综合作战与保障能力的海上浮动基地。在我国远海海域部署可移动的海上浮动基地，充分发挥海上浮岛基地的驻军、作战、保障的平台作用，能有效弥补我军远海岛礁基地在驻屯、作战、保障方面的空白，与远海岛礁基地相互补充，构建形成布局合理、功能完备的远海作战和维权的前进支撑保障体系，实现军事力量的常态化存在和军事行动的有效保障。美国基于其全球部署过程中可能遭遇的行动限制，于1995年提出了“海上浮岛”的概念方案，可在10天内在距进攻目标附近沿岸40～160千米的海域建起一个大规模作战保障基地，2002年开始考虑建设“联合海上浮动基地”，可搭载300～500架各种类型的陆基飞机。日本于1995年开始研制，于1999年在日本神奈川县横须贺市洪海面建立了海上漂浮机场，有一条长1000多米、最宽可达120米的起降跑道，并于2000年成功进行飞机起降试验。中国已将“海上大型浮式结构物”列入国家发展改革委等4部委下发的《关于印发海洋工程装备产业创新发展战略（2011—2020）的通知》中的重点发展项目，2015年7月，中国冀东发展集团在国防科学成就展会上首次展出中国自主研发的首个桁架式超大型海上平台，该平台由多个小型浮体模块（标准面积分90米×300米、120米×600米和120米×900米3种规格），根据需求在海上重组、拼接而成，相当于多个船体并联形成浮岛式平台，平台配置动力装置，可以以18千米/小时的时速进行移动。由中国船舶重工集团公司中国船舶科学研究中心研究提出的“超大型浮式保障平台”，有军民两用空港（长达1800米的跑道、停机区、航空控制区、生活区等）、军民两用海港（2个长达400米的码头、航海控制区、生活区等）、可再生能源发电和能源储存系统（上部塔式风力发电装置，中间可折叠式太阳能发电装置，水面以下阵列式波浪能发电装置和能源储存装置）以及海水淡化及淡水、燃油的储存和补给系统。组织浮岛海上基地工程建设与维护主要包括指挥设施、直升机起降平台、飞机起降跑道、兵力驻屯设施、物资仓储设施、综合保障设施、装卸载设施和防御设施等的建设与维护。

（三）组织实施远海机动投送设施构筑与维护

远海作战和维权战场远离大陆，环境复杂，平时难以部署驻屯大量作战力量，需要战前临时向远海作战和维权海域机动投送力量和物资，以形成战场优势和持续作战能力。而远海机动投送力量需要强有力的工程保障支撑。为此，第一，对现有军港进行改造，重点增加海军码头数量，发展海上物资预置平台，使之既可作为海上作战编队中途转运和海上集结基地，又可作为海上作战编队各类物资补给站，具备海上保障基地的功能；第二，结合国家沿海交通网建设规划，把海军战略投送通道建设纳入国家交通网络总体规划中，突出抓好海军兵力集结区域综合交通网建设；第三，在发展通用装卸载设备的同时，重点发展新型专用装卸载设备，如重装备滚装卸载平台、集装箱卸载转运装备、浮式栈桥等，以满足海军各类战略投送船只的重装备物资的装卸载需求。

五、保障海外军事行动

进入新时代，一方面，随着我国全方位对外开放不断扩大，特别是“一带一路”倡议加速推进，我国家利益不断向全球拓展，国内企业“走出去”的步伐不断加快，海外投资大幅增长，国际贸易快速发展，海外利益分布越来越广，规模越来越大，形成了以境外机构、企业、资产、人员，以及海外战略通道、能源资源、输油输气管道为代表的重大海外利益格局。我国境外资产总额2014年底约为3万亿美元，2016年底超过6万亿美元，2年翻了一番，增速惊人。同时，海外重要战略通道、海外能源资源、海外输油输气管道对国家生存发展的影响日益增大，成为我国海外利益的重要组成部分。海外利益越大，安全需求就越大。面对复杂多变的传统和非传统安全威胁，海外利益安全问题关乎我国整体发展利益和国家安全，国际市场、海外能源资源和战略通道安全以及海外机构、人员和资产安全等海外利益安全问题凸显，而我国海外安全保障能力不足问题越发凸显，成为我们必须解决的一个大问题。习近平总书记指出，我国海外利益遍布全球、孤悬海外。我国海外利益是目前最缺乏安全保障的领域。海外利益的拓展，延伸了中国的海外利益边界，扩充了国家安全的外延。国家利益延伸到哪里，军事力量就要跟进保障到哪里。在多样化安全威胁持续存在的当今世界，“仗剑经商”十分必要。要求军队必须紧跟国家海外利益拓展进程，逐步加强安全保障，加快军事力量“走出去”的步伐，加强军队遂行海外军事行动的能力建设，加强军队海外部署和影响力，以有效维护我海外利益的安全。另一方面，随着我国由大到强，日益走近世界舞台中央，已不再是国际秩序的被动接受者，而是积极的参与者、建设者、引领者，在国际和地区安全发展事务中国际责任不断增大，发挥世界和平的建设者、全球发展的贡献者、国际秩序的维护者的作用。人民军队作为国家的重要组成部分，必须积极适应国家战略与我国政治外交斗争的需要，适应国际体系变革、构建人类命运共同体的战略需要，更加积极地走出国门、走向世界，担责任尽义务、执干戈卫和平，在国际和地区安全事务中发挥积极的主导作用，有效履行国际责任和义务。因此，“为拓展我国海外利益提供战略支撑”“为促进世界和平与发展提供战略支撑”成为新时代我军重要的使命任务。

军事力量走出去遂行海外军事行动任务，离不开强有力的工程保障。新时代我军海外军事行动任务功能、力量构成、方式方法、制约因素、保障难度与以往相比发生重大的乃至根本性的变化，对海外军事行动工程保障的任务功能、措施运用、力量运用、方式方法、组织指挥等都提出新的要求。工程保障必须积极适应我军海外军事行动形势任务的变化，紧紧围绕海外军事行动需要工程保障“干什么”“怎么干”等基本问题，加强工程专业技术创新、理论创新和能力建设，为海外军事行动提供有效的工程保障。

（一）规划部署建设海外基地工程体系

海外军事基地是部署海外军事力量、储备军事物资、进行海外军事行动作战、后勤、装备保障的场所和依托，应结合我国与相关国家的基础设施建设、油气开发、经贸合作区建设等重大投资项目谈判，同步就我国派驻军事力量保护工程项目安全达成共识，以协议条约形式在我国海外利益集中的境外国家和地区建立相关军种军事基地、陆海空军联合军事基地、双多边联合军事基地，或通过协议租用外国军事基地。海外军事基地通常由屯兵设施、武器装备和物资的仓储设施、综合保障设施、训练设施、生活设施以及警戒防护设施等组成。

（二）规划部署海外典型目标武装护卫工程体系

保护海外中资企业机构、重要经济设施、华人华侨、海外战略通道、输油输气管道等海外典型目标的安全是海外军事行动的主要任务，通常采取以我为主、适度合作、快速反应、有效应对的防卫部署和定点防卫、机动防卫、定点与机动防卫相结合等方法对这些目标进行武装护卫，为有效保障武装护卫的顺利实施，应根据武装护卫典型目标的类型、数量、分布情况和武装护卫行动方式方法，选取适当的地点，规划部署构筑保障武装护卫的工程体系，包括阵地工程设施、障碍工程设施、防护工程设施等。

（三）规划部署机动打击工程体系

威慑、打击跨国贩毒走私、平息地区暴乱、威慑威胁我国海外利益或本土安全的境外敌对势力，是我国海外行动的重要任务和行动方式，为保障对海外敌对势力形成快速机动、高效打击、密切协同的打击部署和机动打击行动的实施，需要规划部署机动打击工程体系，主要包括对机动打击目标周边和外围以及防御设施进行快速工程侦察、标示机动攻击路线、克服排除机动攻击路线上的各种障碍设施、标示构筑直升机起降场、构筑火器发射阵地等。

第三章　工程保障基本指导

思想是行动的先导，没有理性的思想指导，就不会有自觉的实践活动。随着新军事变革的不断深入，传统的工程保障思想和工程保障理论受到极大的冲击，一些适应时代发展的工程保障理念应运而生，推动着工程保障指导思想变化，对工程保障原则、工程保障力量运用和工程保障方式产生重大影响。积极把握工程保障基本指导，对科学揭示信息化战争工程保障的客观规律，明晰工程保障建设的方向和重点，指导工程保障的组织与实施，具有十分重要的意义。

一、网信支撑

网信支撑，是充分发挥网络信息体系在联结工程保障力量、融合工程保障体系、倍增工程保障效能方面的功能作用，将战场信息优势转化为工程保障决策、指挥和行动优势，确保工程保障顺利实施。其本质是以云计算为核心，以大数据为关键，以智能运用为特征，通过联通网络、建强平台、云化运用等手段，将工程保障力量、工程装备系统、指挥信息系统和相关资源融为一体，构建网络化的工程保障组织形态。

（一）工程保障网信支撑的要求

一是网信体系的全域多维覆盖。战场空间正向太空和电磁、网络等领域拓展，孤立的工程保障空间已不复存在，陆海空天电网不同维度战场空间高度融合，形成一体化战场空间。这就需要构建战役战术一体、诸军兵种一体、全程全域覆盖的网络信息体系，把各种力量、各类保障空间、各类保障行动有机链接起来，以网络信息支撑优化指挥体系、聚合信息体系、融合力量体系，从而生成和发挥最大保障效能。

二是网信体系的联合精确支撑。未来作战工程保障不再局限于陆、海、空军之间的军种联合，而是陆上、海上、空中工程保障单元，以及天基和网络作战系统之间的跨域联合。网信系统运用要更加突出联合性，特别是在联合破（设）障、联合伪装等工程保障行动中，指挥协同范围宽、环节多、跨度大、距离远，需要精准管控态势、精确指挥协同、精选保障目标，这就要求充分发挥网络信息体系的功能作用，统一组织、精确支撑，促使工程保障效能精确释放。

三是网信体系灵敏快速高效。传统工程保障靠空间差换取时间差，转化为力量差；现在需要“基于联合、信息主导”，靠技术差特别是信息差，赢得时间差、空间差和力量差。未来作战工程保障不再是平面模式，而是综合运用多种工程措施、不同的工程保力量和立体机动方式，进行立体快速保障，任务转换快，行动节奏快，保障速度快，战场情况和工程保障态势瞬息万变。应做到系统构建展开快、部队入网联通快、信息分发传递快，从而快速获取情报、快速指挥决策、快速展开行动、快速评估效果、快速控制工程保障态势。

（二）工程保障网信体系的构建与运行

现代战争实践屡次表明，体系者赢得战争，系统者应对战争，平台者输掉战争。为此，应当按照“整体筹划、全域覆盖、集成融合、体系保障”的要求，依托战场网信体系，积极开展工程保障网信体系的构建与运行。

一是按照全域覆盖、无缝连接的要求，构建或接入信息网络。根据工程保障需求，采取“节点支撑、动态重组、综合接入”的方法，通过战区网信体系，滚动构建覆盖作战区域的栅格化信息网络，为多维战场各参战工程保障力量提供网络综合接入服务。

二是按照功能完善、融合互通的要求，部署信息系统。以通用化指挥信息系统为主体，集成融合情报、测绘、气象水文、伪装、防护、电磁频谱等方面的支援保障信息，构建战役战术一体、多业务系统融合互通的工程保障指挥信息系统。普通的工程装备、工程分队，融入工程保障体系，不再是单个的保障平台或单元，而是通过信息赋能，成倍放大其保障效能。

三是按照一体组织、集约运用的要求，开展信息服务保障。依托战区联指、作战集群指挥所，整合分散在各部门、各层级的信息保障力量，创建分级信息服务中心，承担工程保障信息编成管理、信息引接汇聚、信息联合整编和信息综合服务等任务，直接为指挥所提供集约化精细化工程信息支持。要从战略战役战术各层次引接汇集多源工程保障信息，为组织信息整编融合和服务保障打牢基础。要采用信号级、目标级、决策级3个层次融合的方法，分要素组织各类工程保障信息的集成融合。按照精确化服务保障的要求，采取个性化订制、实时化推送、自主化查询、平台化服务等方式，将各类战场工程信息在恰当的时间、恰当的地点，以恰当的方式提供给各级指挥机构、工程部队。

（三）工程保障网信支撑的路径

网信体系，既可以推进工程保障各专业领域的改进优化，也能够促进相互间的衔接配合，实现工程保障信息能力、机动工程保障能力、反机动工程保障能力、工程防护能力和工程伪装能力的有机融合。

一是为共享战场工程态势、同步感知战场工程信息提供支撑。工程保障的前提是统一认知，即使是班排级工程保障行动或作业，也需要战略情报支援和体系保障。依托网信体系，能够实现战场各类侦察手段和力量的一体组网，使情报信息同步上网、情报用户实时获取，减少传输的环节、时延，提高情报的时效性。能够将纵向分级、横向分域的情报处理系统连成一体，实施关联、印证、判断等综合处理，战区联指、军兵种在统一信息格式、统一地理坐标、统一时间基准的前提下，融合陆情、海情、空情、网络、电磁和信息保障等态势信息，形成高质量的综合情报数据库。依托网络信息体系，战场综合态势可以作为一种服务实时发布，使各层次工程保障人员都能在第一时间按权限知晓或掌握，从而使分布在广阔战场上的各级指挥员达成对战场工程保障态势的同步认知。

二是为工程保障快速决策、精确控制行动提供支撑。依托网络信息体系，分处不同地域、不同类别的工程保障指挥人员可以按照权限登录，基于统一战场态势，与联合指挥机构的其他人员同步指挥作业，形成“物理分散、逻辑集中”的网络化工程保障指挥机构。依托网络信息体系，可将海量信息存储和共性任务处理交由后台的信息服务中心处理，将信息分析、判断、辅助决策等共性基础工作交由外围的大量专业人员处理，形成“前台轻、后台重”的组织结构。依托网络，能够根据工程保障任务要求选择不同信息流程，可以让指令信息“一站式”到达，也可以按层次逐级传递，形式灵活。

三是为工程保障信息赋能、自主协同提供支撑。工程装备系统、工程分队一旦融入工程保障体系，就有了网络化运用的突出特征，也不再局限于地域、军种，而是着眼达到最佳效果来选择保障力量，由计划协同向临机自主协同拓展，彻底打破保障力量运用的常规模式。利用网络化的软件、标准和规程，对工程装备系统或工程分队进行统一标识，使每件装备、每个作业单元都具有全网唯一的身份，实现像手机一样随时随地加入网络信息体系。依托网络信息体系，能够支持动态分配工程保障任务、临机自主协调行动，使每个保障单元和保障要素通过组网运用，形成联合工程保障体系。对多重保障任务、多个保障目标，根据不同保障单元的能力优长，准确选择有效的工程装备系统或工程分队，进行针对性的任务分配，实时协调各工程装备系统或工程分队的保障方式和作业时间，达到联合保障的效果。

四是为快速响应、精细调配工程保障资源提供支撑。网信体系的网聚作用，将推动保障模式由粗放式向聚焦式转变、由自我保障向体系保障转变。利用物联网技术对工程保障资源进行数字化标识，再通过栅格网实现战场工程保障资源的联网，动态采集人员装备战损、工程弹药与油料消耗等信息，实时掌握保障需求、保障资源和力量分布。依托网络，能够精确调控工程装备器材和相关物资，实现在恰当地点、恰当时间提供精确的资源保障。依托网络，可以提供远程的技术支持和装备保障，用户可享受网上人员培训、问题解答、维护更新等服务，形成全新的网络化保障模式。

（四）工程保障网信支撑的基础

工程保障信息能力是工程保障网信支撑的基础。工程保障信息能力，是工程保障力量特别是专业力量掌握和驾驭战场信息的能力，是充分发挥网信支撑作用的基本条件。

一是注重工程保障信息资源建设，打牢工程保障信息能力形成的基础。要以战场工程信息资源为重点，以工程保障信息资源规划为突破口，通过丰富信息内容、促进信息共享、深化综合应用和强化信息安全，实现工程保障信息资源的优化配置与高效利用。首先，广泛采集工程兵建设和战场工程信息资源，解决工程保障信息资源短缺问题，并依据作战和保障需求，搞好工程保障信息资源的补充、维护和更新，不断增加信息种类，增大信息储量。其次，以扎实的信息资源规划解决工程保障信息资源共享难的问题。主动摆脱部门、单位利益的束缚，加强信息交流，打破信息壁垒，并通过信息资源规划，建立先进、完整、开放的信息技术和信息资源开发利用的标准体系。最后，加强工程保障信息系统开发，实现信息资源网络化，解决好工程保障信息资源应用水平低的问题。通过规模化、工程化开发，提高工程保障信息系统建设质量和效益。积极消除信息孤岛，满足不同地域、不同部门、不同层次的信息需求。

二是积极发展和运用信息化工程装备，为工程保障信息能力的形成提供支撑条件。首先，发展和运用工程保障信息支援系统，实现工程保障信息获取、传递、处理和科学决策的自动化，提高工程保障信息运用的时效性。其次，通过研发和技术改造，大力发展信息化工程装备，使其不仅能感知战场工程信息，还能实现网络互联和信息共享。最后，发展和运用信息化工兵单兵数字化系统，从根本上改变工兵单兵的作战效能，不仅使工兵单兵实施工程作业的效能和综合防护能力大大提高，而且将赋予工兵单兵信息能力，使其具有人机一体化的远程传感能力。

三是优化工程保障信息流程。其核心在于建立信息化工程保障指挥控制体系，即按照作战指挥规律的要求，创建以战场信息网络与工程兵信息平台为依托、以信息化工程装备体系为基础，具有自动化和智能化能力与特征的工程保障组织筹划与指挥控制体系。信息化工程保障指挥控制体系的建立与运用，使工程保障行动的所有信息以数字化的方式在各要素之间快速流动，是实现工程保障精确化、远程化和实时化，提高工程保障组织筹划、指挥控制和技术支援水平的基本途径。创新工程保障指挥机制，要着力解决以下问题：工程保障信息流更加通畅和高效利用，形成一体化的联合工程保障形态；物资器材和装备的精确保障；提高工程保障的效率和水平，实施工程作业自动化；提高工程保障决策和指挥控制水平；人员、信息和工程装备器材之间的融合和集成。

四是加强工程保障信息化教育训练，确保工程保障信息能力的形成。首先，普及工程保障人员的基础信息知识，包括信息化知识、信息化联合作战基础知识、信息化工程装备的操作、信息系统的操作与维修以及新的指挥控制手段等内容；其次，进行工程保障信息能力的分项训练，如信息化工程装备操作训练、利用工程保障信息支援系统进行指挥控制训练、利用计算机网络平台和作战训练模拟系统进行信息侦察训练等；最后，适时开展综合训练，参与信息化联合作战实战演习，在实践中检验工程保障信息能力的水平，查找不足，并在下一步训练中进行弥补。

二、融合一体

融合一体，是指以网络信息体系为支撑，按照各要素相互之间的关系，把工程保障力量、工程技术措施、工程保障资源、工程保障信息、工程保障行动和工程保障指挥等融合成一个有机整体，谋求最大的体系作战效益。融合一体是衡量工程保障要素或联合作战工程保障是否真正实现融合的标尺。

（一）工程保障融合一体的要求

一是工程保障信息的聚集融合。信息化作战工程保障是一体化保障，是军队工程保障力量及地方支援力量在广阔空间实施的立体、多维保障行动。要使作战与保障在空间与时间上相对统一、指挥机构的指挥行为相对精确、工程保障力量的行动相对协调，必须有足够、及时、准确的信息才能将它们“黏合”在一起。只有这样，工程保障指挥才能把各种力量、各种要素融合成一个有机整体，形成快速高效的保障能力。只有这样，才能在指挥对象中及时准确获取、传输和处理作战信息与工程保障信息，迅速高效地把军地、诸军兵种各层次和各专业工程保障力量凝聚成一体，保障主要作战主向的主要作战行动顺利进行。如果说传统工程保障突出的是对保障力量的系统集成，那么，信息时代的工程保障突出的是对保障信息的系统集成，以此实现战场工程保障信息的聚集融合。

二是工程保障能量高效聚合与精确释放。只有高效的资源聚集和效能的精确释能，才能保障战斗力的最佳发挥。技术的发展能使工程保障指挥人员准确地掌握有关各种保障资源状况的实时信息，对保障需求进行精确预测和实时预报，能够准确、快速、高效地配置、调动和利用现有的保障力量。鉴于此，必须把分散于广阔空间的各种保障力量聚集起来，依托联合作战网信支撑，实现保障力量的有机整合和无缝联合，依靠系统整体效能的杠杆调节作用，提高工程保障的有序化程度和协同能力，从而产生一种全新的、更大的工程保障效能。必须指出的是，工程保障能量的聚合与释放是相互依存、紧密相连的。没有对多元保障能量的高效聚合，就难以形成强大的整体威力，释放就会失去可靠的基础；没有对一定工程保障能量的精确释放，就难以最终完成保障任务，聚合就会失去了本来意义。

三是工程保障要素的综合集成与整体联动。充分发挥工程保障的整体效能，关键是要对工程保障的各种要素进行综合集成，形成结构合理、编配适当、性能互补、运转协调的保障体系，使各种既相对独立又相互联系的保障单元科学组合在一起，产生效能倍增效应，从而增强整体保障效能。对工程保障的各种要素进行综合集成，实质是运用信息技术、决策技术和系统工程技术，按照信息化作战要求，将分散部署的工程保障力量系统、指挥控制系统、装备设施系统等有机结合，以信息为纽带，实现战场态势高度共享，工程保障协调同步。要利用信息技术，将保障平台与保障体系的信息系统进行整合，采用内部渗透、外部融合等方法，实现所有信息的互联互通。要将各个保障单元内的保障人员、保障装备、保障资源等不同保障要素进行合理配置，有机融合，形成整体，建立保障单元内部的有序结构，使其能够充分发挥各个保障要素的效能。要在信息网络综合集成的支撑下，以保障要素的综合集成为基础，实现各保障子系统的集成和一体化，真正具备遂行整体保障的能力。

四是工程保障功能发挥的耦合互补。首先，谋求保障体系与作战体系的耦合。按照作战及工程保障要求，实现保障力量与作战力量的一体化编成，既便于发挥保障力量的整体保障效益，又可使保障力量具有较强的防卫和机动能力。目前，陆军集团军部队中编配了具备机动、反机动、防护、伪装和给水保障的多功能工程防化（工兵）部队，具有较强的工事构筑、道路构筑与维护、桥梁架设与抢修、渡场开设、工程伪装和障碍物构筑与设置能力，可与其他作战部队同步行动实施“零距离贴身保障”，增强了机动伴随保障能力和保障效能。其次，谋求工程保障体系内部的耦合。要使各种工程保障力量根据战场情况，合理配置各种保障资源，形成最佳整体保障合力，就必须打破过去保障力量的编组模式，使各保障力量在各自保障空间或专业领域保持独立的基础上，以信息为纽带，形成系统与系统互相内联的整体，在基于对战场态势共同理解的前提下，围绕作战总体目的和企图，追求系统功能的实时耦合，改变目前各专业条块分割、自成体系的保障模式，实现各保障要素之间的优化组合、性能匹配。最后，谋求专业互补功能融合。工程保障专业力量由各个不同专业技术力量构成，形成了各种不同专业的战术。应遵循专业互补功能融合规律，进行不同性质、不同功能保障行动的科学组合，实现工程保障异质作战能量的高度耦合。各种工程保障力量既有相对独立性，又有相互关联性和互补性，必须跨越不同的专业领域，将不同专业的不同功能进行合理的排列和组合，把多种类型的专业力量、多种性质的保障能量和不同机制的制胜手段高度聚焦，实现保障能量的“异质同力”。

（二）建立一体化的工程保障组织结构

与机械化战争相比，信息化战争战场情况急剧变化，作战力量构成复杂，作战行动远距快捷，各军兵种将相互关联的多元一体化的作战力量整体投入作战，要求工程保障组织结构适应保障环境透明、任务繁重、方式多样、信息剧增、对象多元的特点，建立纵横一体的高效快速工程保障组织系统。在结构上，把工程保障系统的“树”状结构改为“扁平”网状结构；在内容上，工程保障信息系统把工程保障各要素连接起来，组成一个有机整体，形成综合保障能力。这样，与机械化战争时期相比，工程保障系统结构形式发生了根本性的变化，形成了“形散神联”的一体化网状结构，增强了组织体系的功能。

应对一体化联合保障，工程保障力量必须具有一体化多功能结构，即这种结构必须具有协调的整体功能、高效的局部功能、强大的防卫功能，能够使整个体系和各个分系统都聚焦于统一的保障目标，持续高效地发挥作用，确保实现整体最佳效能。工程保障组织结构的基本功能是系统互联互通、灵敏高效，即一体网状的工程保障组织系统，可以使作战信息和工程保障信息在指挥对象中高效流通，平时为各级工程保障指挥人员和工程兵部分队提供近似实时的工程保障信息。战时能保障各部门之间、各部队之间、机关与部队之间和不同层次之间，实时建立联系，实现无缝链接。

建立一体化的工程保障组织结构，旨在通过科学的优化组合，适度有效地超越某些环节和层次，合并同类因素，达成全方位一体、全过程一体、全纵深一体的工程保障态势，最大限度地发挥工程保障系统的整体保障效能。一方面，工程保障组织结构的编设和相互关系的一体化。信息化作战要求建立一个与作战系统高度融合的一体化工程保障系统，通过各工程保障要素的一体化，优化工程保障内部结构，增强综合保障能力，提高保障效益。另一方面，工程保障组织结构变“联合”为“融合”。有什么样的战争，就要求设置什么样的工程保障机构。信息化作战工程保障机构的组成应实现“联合”到“融合”的转变，以实现功能上的融合。需要指出的是，信息化战争在构建“融合型”工程保障组织结构时，不是简单地将各军兵种、各类工程保障人员简单地“叠加”，而是一个与一体化联合作战要求相适应，与信息化战争作战体系相适应，各军兵种、各类工程保障人员相互融合的精干、高效的保障实体，从而使信息化作战工程保障组织结构达到“精干、简捷、高效”。

（三）坚持战保一体、行动融合

信息化作战行动对工程保障的依赖性越来越大，没有可靠的工程保障就不可能实施有效的作战。强化工程保障与作战行动之间的融合，就是要改变过去视工程保障为作战的辅助和从属的观念，确立工程保障与作战行动地位相等、相互依存、相互融合的理念，将战场上的工程保障与作战行动融为一体，进行统一运筹、统一指挥、统一协调、统一行动，以实现工程保障与作战行动的一体化。一是作战行动与工程保障没有主次之分，工程保障是作战系统中的一个重要组成部分，确立保障就是作战的理念；二是要把工程保障能力作为确定作战目标的关键因素，用保障能力来衡量和把握作战目标的科学性和可行性，所有的作战行动都应建立在可靠保障的基础上；三是工程保障方案与作战方案必须融为一体，不仅要强调保障系统内部各要素的一体化整合，形成保障合力，而且必须做到保障系统与作战系统的有机统一，形成一体化作战体系，实现保障能力与作战需求最佳融合；四是工程保障力量与作战力量必须保持均衡的比例关系，构成最佳搭配，确保作战力量与保障力量之间具有完美的行动协调性。这是从作战的角度考虑工程保障的生存与安全问题，也是从工程保障的角度看待作战能力保持和再生的问题。因此，要强化工程保障力量与作战力量配置和使用的一体化，使工程保障力量与作战力量保持均衡比例，保证战场上各项任务与能力协调一致。

战保一体、行动融合的基本保证是工程保障组织体系的建立及与作战指挥体系的有机融合。信息化战争是系统对系统、体系对体系、整体对整体的一体化作战。要用一体化作战指挥体系，把各个领域、各种作战力量、作战空间、作战行动和作战手段统合起来，以整体合力制胜敌人。这就要求建立一体化工程保障组织体系，满足信息化战争各种作战行动的需求。作战指挥体系所确立的指挥关系和各种指挥制度对工程保障组织体系有着根本性的决定、指导和限制作用，并且集中体现在工程保障组织体系中。一方面，作战指挥体系总体决定工程保障组织体系。工程保障作为作战的重要组成部分，其组织形式的选择、保障环节的确定、保障关系的区分等，都必须遵循与作战指挥体系相适应的原则。另一方面，在作战指挥体系的指导下，工程保障组织体系具有相对独立性。工程保障组织体系决定于作战指挥体系，并不意味着工程保障组织体系在任何时候都必须亦步亦趋、一一对应作战指挥体系。这主要是因为工程保障大多表现为物质要素在一定时空限制下的集散与位移，交通运输的制约、空间距离的障碍等，使工程保障组织体系与作战指挥体系不可能在所有环节上都完全保持一致。为了实现工程保障资源的集约使用，适应部队作战要求，在“信息流”有效控制“物资流”，作战指挥机构有效控制工程保障活动的前提下，简化保障流程，适度减少保障环节，以空间换时间，就近就便保障，迫使工程保障组织体系与作战指挥体系在一定范围内适度分离。也就是说，工程保障组织体系在受作战指挥体系指导的同时，又具有相对的独立性。

强化工程保障与作战行动之间的融合，实现工程保障与作战行动的一体化，特别强调要在军事斗争准备过程中以及在作战全局指导上，将工程保障准备与军事斗争准备、工程保障与作战行动进行一体化的谋划。其主要包括：一是要从作战全局的高度看待工程保障，要充分认识到没有可靠的工程保障一切作战行动将无从实施，忽视保障就意味着放弃胜利。二是构建作战体系时，不仅要把工程保障作为整个作战体系的重要组成部分，而且要把工程保障作为构建整个作战体系的基础和判断作战体系可靠性的基本依据。要在建立与作战指挥相一致的工程保障指挥体系的基础上，实现工程保障计划与作战计划融为一体，将工程保障行动与作战行动一体化设计。三是发展主战装备与发展工程保障装备应同步进行，协调配套，确保主战装备能够在作战中得到有效的保障，进而充分发挥其作战效能。四是创新战法要与工程保障手段、保障能力相适应，避免战法创新严重脱离保障实际而成为“空中楼阁”。

（四）注重不同层次工程保障的有机融合

信息化战争是敌对双方在陆、海、空、天、电广阔战场空间实施的一体化联合作战，战略、战役和战斗三个层次的作战行动趋于一体，客观上要求战略工程保障、战役工程保障和战斗工程保障一体筹划，保障作战行动顺利进行。为发挥信息化战争中的装备技术和信息优势，充分体现信息化智能化工程保障理念，减少保障环节，实行精确保障和直达保障，信息化作战工程保障将打破战略、战役和战斗工程保障的层次界限，对一线部队师、旅、团，甚至是营以下单位直接由上级实施越级保障。就工程保障自身系统而言，信息技术的发展大大提高了信息互联互通的能力。高新技术对工程保障装备的不断改进和完善，大幅提升了工程保障的战略投送和机动保障能力，使战略、战役工程保障力量具备了直接保障到战斗前沿或一线的能力。

战略工程保障、战役工程保障和战斗工程保障一体筹化的观念，并不是要从编制体制和保障层次上完全打破三者之间的界限，而是要对战略工程保障、战役工程保障和战斗工程保障三者之间的工程保障组织结构进行整合，从整体、全局上谋划工程保障，使三者之间形成一个从战略工程保障到战斗工程保障高效运转的完整链条，确保工程保障活动顺利进行。一方面，在整个作战空间内，战略、战役、战斗各级工程保障指挥人员，运用技术手段，把被保障部队连成一体，全面掌握和调控从指挥机构到一线分队的所有工程保障活动；另一方面，在建立和优化战略工程保障力量的同时，利用强大的战略海、空投送力量，使战略层次工程保障能力具有强有力支撑和坚实基础。战役工程保障和战斗工程保障，在提高快速反应能力的同时，充分利用战役战术投送途径，对作战部队实施全方位的、立体的超越保障和机动伴随保障。最终将战略、战役和战斗工程保障有机联系起来，从而形成一个信息流、物质流顺畅运行的系统。工程保障力量的编组，除了直接运用战略工程保障力量外，还可以根据需要，调集战区非作战地区或其他战区的战役工程保障力量，加强在作战地区，直接或间接地实现战略、战役和战斗工程保障力量的有机融合。

（五）实现工程保障的诸军兵种一体、军民融合

工程保障的诸军兵种一体，是由联合作战的保障需求决定的，是立足军种工程保障力量，实施诸军兵种一体化联合保障行动，其要旨是在全军或战区范围，在陆军、海军、空军和火箭军部队各种力量之间，构建统一的工程保障体制，实现工程保障一体化。战争实践证明，工程保障三军一体，可以在信息化战争中实时进行精确保障，在网络信息体系的支撑下，可将作战部队与各军兵种及各支援机构的保障要素实时地联在一起，最终使工程保障力量为部队提供更全面、更及时、更精确的工程保障。工程保障诸军兵种一体的核心是通过对工程保障基础要素的科学编组，改变工程保障内部组织结构及其相互关系，提高工程保障组织结构的综合保障功能，使工程保障编组逐渐向适度综合、多功能化方向转变。通过对工程保障力量的综合编组，打破工程保障按专业、按系统、按建制编组的模式，以主要功能为中心，其他相关功能相配套，实行跨建制的多专业组合，建立新的多功能、一体化的工程保障组织结构。工程保障三军一体的力量编组，其目的就是使各级各类工程保障力量和保障要素在信息主导下实现有机融合，具备保障各种作战行动的保障能力，满足信息化战争的需要。

工程保障的军民融合，主要是顺应时代发展，充分发

挥军民整体保障作用，统一组织军民工程保障力量，对信息化战争实行军民一体的工程保障。随着新军事变革的不断深入，未来信息化军队的整体规模将不断缩小，军队工程保障系统也会变得越来越小。但从近期几场信息化局部战争来看，工程保障需求却在不断增大，仅靠军队建制内的工程保障力量难以完成日益繁重的工程保障任务。必须转变思维方式，走出一条充分利用社会力量，依靠民力为军队提供保障，建立军民一体化工程保障的新路子。工程保障的军民融合，其核心是军民工程保障力量编组的有机融合，就是把国家的有关财力、物力、人力、科技力纳入工程保障组织，进行社会化保障，形成军民兼容的战争工程保障体系，实现军民工程保障力量有机融合。因此，应构建一体化的军民融合工程保障组织，在党和国家的统一领导下，遵照一定的法规程序，启动工程保障动员机制，将地方潜在工程保障力量转化成作战所需的工程保障力量。未来信息化战争，为弥补战时工程保障力量需求大与平时工程保障力量编制小的差距，特别是工程保障力量与未来信息化作战工程保障需求之间的差距，必须重视战时地方力量动员，充分发挥社会保障力量的作用，实施军民融合的一体化保障。

三、创新驱动

创新驱动，就是以新的理念、视点、措施、方法，促进工程保障发展，不断为工程保障体系充实新的内容，注入新的活力。工程保障创新是我国应对世界新军事变革挑战和完成多样化军事任务的必然选择。

（一）工程保障创新驱动的要求

工程保障的发展，不仅是其内部矛盾运动的结果，也是外部环境和条件作用的产物。我们要以军事需求为牵引，以技术创新为支撑，科学确定工程保障创新的目标方向。

一是工程保障要与信息化战争相适应。信息化战争对工程保障的需求，是工程保障创新的出发点和归宿，是影响工程保障创新的核心因素。要在探索、认识信息化战争的特点及规律的基础上，研究掌握信息化战争工程保障的新特点、新规律，对工程保障的地位、作用、目的、任务有更新、更深刻的认识；对工程保障方式、方法、措施、手段有更新更多的观点；对工程保障力量建设方向、途径有更新、更深入的思考。要着眼于作战的发展变化，发展工程保障的指导思想和基本原则，并在工程保障筹划、重点任务把握、措施运用、保障方式以及力量运用方式、工程兵编组形式等方面寻求新的对策。

二是工程保障要与军队转型相适应。目前是军队建设的重要战略机遇期。良好的国际国内环境，为规划工程保障的长远发展提供了条件。尤其是军队建设要“努力完成机械化和信息化建设的双重历史任务，实现我军现代化的跨越式发展”，决定了工程保障不仅要着眼机械化战争的发展，更要着眼信息化、智能化战争的影响。在做好机械化战争工程保障准备的基础上，要加快信息化、智能化工程保障建设的进程，加强信息化、智能化工程保障的超前研究，以机械化为基础，以信息化为重点，以智能化为引领，实现工程保障的跨越式发展。

三是工程保障要与工程技术创新发展相协调。工程装备和技术是工程保障创新最重要的制约因素。工程保障手段、能力、战法、任务和工程保障组织指挥，无不受工程装备和技术的影响与制约。研究工程保障必须立足于既有工程装备和技术的现状并着眼近期可能的发展，对部队工程装备的种类构成、编制数量、战术技术性能等进行研究，对其可能提供的工程保障手段和能力得出实事求是的结论，确保工程保障创新的科学性、合理性。

（二）高标准实现工程保障创新

衡量创新的标准有多个，但是对于工程保障创新而言，应在系统性、科学性、实用性和开放性等方面下功夫。

一是力求系统完整。工程保障创新是一个有机的整体，其系统性体现在工程保障不同方面理论内容和观点的有机结合上。第一，工程保障创新是机动工程保障、反机动工程保障、防护工程保障、伪装工程保障、给水工程保障以及工程保障指挥控制理论、工程保障力量建设理论的整体融合。第二，工程保障创新是攻防作战等不同作战形式、作战样式工程保障的系统组合。第三，工程保障创新是战略、战役和战斗工程保障的有机结合。

二是积极科学求真。工程保障创新的科学性要求表现在以下 3 个方面。第一，要有完整的论证、验证和复证的完整过程，即工程保障的理论创新符合工程保障客观规律，并能指导工程保障的实践活动。第二，要有较高的科技含量。工程保障创新必须建立在以信息技术为基础的高技术之上，对技术的产生、发展以及在工程保障的应用有着广泛和深入的研究。第三，要体现科学精神，即工程保障创新必须求真务实，开拓创新。

三是具有优良的开放性。工程保障创新是对工程保障认识的阶段性理论成果，需要随着工程保障实践的发展不断进步，因而必须具有优良的开放性。第一，在工程保障创新发展的任何阶段都要承认其不完善性，积极主动地将一切科学正确的新思想、新观点纳入理论体系中，使工程保障体系不断发展完善。第二，要看到现有的工程保障体系中某些观点和内容会随着工程保障实践的发展而失去指导作用，要主动及时地更新这些过时的理论内容。

（三）把握工程保障创新的着力点

根据工程保障发展现状和信息化战争需求，工程保障创新要在研究方法和思维方式创新的基础上，积极梳理现有成果，大胆提出新概念和新理念，突破重点难点问题。

一是注重工程保障研究方法和思维方式的创新。落后的方法很难对新情况、新问题有一个科学的解释。工程保障的系统性研究不够，预测发展研究薄弱，模拟仿真研究相对欠缺，大部分的研究成果囿于对实践的一般解释，提高与升华的成分不足，对工程兵发展建设的拉动力不强。马克思主义唯物辩证法和唯物史观，以及系统科学所提供的方法，还没有应用到工程保障的研究中来。理论的发展实践证明，理论在创新过程中，思维方式、思维方法的创新，对新的理论观点、理论原则和理论体系的形成起了某种决定性的作用。或许站在工程保障的角度创新一种新思维和新方法比较困难，但必须大量应用新思维和新方法。

二是注重工程保障新理论和新概念的提出。工程保障全新理论、全新概念的提出，即在深刻把握工程保障发展规律与人的思维规律、有效探索工程保障实践新领域的基础上，独辟蹊径，创立新的原理、新的科学体系，对工程保障的重大问题作出符合时代和实践要求的新的阐释，创造适应新情况、解决新问题的新观点、新理论。这是根本性的、原创性的理论思维。工程保障全新理论、全新概念的提出，是中国特色军事变革发展的必然结果，主要体现在信息技术的广泛运用给工程保障带来的深刻变化。如全谱工程保障观点、精确保障理念、工程信息支援概念、一体化联合工程保障问题、工程保障专业力量的群队编组问题、信息化工程保障问题、工程保障智能化与网络化问题等，都是值得深入研究的新理论和新概念。

三是注重在解决工程保障重点难点问题上有所创新。创新和发展工程保障，领域较为宽泛，内容也很丰富，但其着力点应放在解决工程保障的重点、难点问题上。首先，深化信息化作战工程保障特点规律研究。第一，关注信息化作战对工程保障的需求，把信息化作战工程保障制胜机制摸清搞透，增强基于网络信息体系的作战工程保障能力和联合作战工程保障能力；第二，关注联合作战工程保障组织筹划，着力解决制约联合作战工程保障能力的突出矛盾和问题，逐步构建保障要素无缝链接、自主协同的一体化联合作战工程保障体系，具备与战略方向任务相适应、能够有效应对各种威胁和挑战的保障能力；第三，关注精确化工程保障方式方法，不断提高工程保障信息能力、筹划与决策能力和指挥控制能力；第四，关注基于网络信息体系的工程保障指挥控制，创新指挥方式，提高指挥效能；第五，关注作战工程保障指挥信息系统与信息资源建设，着力解决信息组织、更新与运用的关键问题。其次，加强工程保障重点难点问题研究。第一，加强大规模作战工程保障研究与创新，特别是要关注重型装备装（卸）载、战场综合防护和三军联合破障的新手段、新方法，快速形成决战决胜作战工程保障能力；第二，加强远程机动工程保障研究，特别要关注向高原高寒边境地区机动工程保障的新需求、新措施，提升我军全域机动与作战能力；第三，积极探索首都防空反导作战工程保障，特别是重要目标伪装防护的新途径、新手段，提高战场综合防护能力；第四，进行应对美军“全球公域介入与机动联合”行动的工程措施研究，增强我军抗御强敌军事威胁和干预的能力；第五，积极开展岛礁攻防作战工程保障对策研究，提高我军岛礁控制能力。再次，重视新型作战力量对工程保障的需求与影响研究。研究新型作战力量（战略预警、军事航天、防空反导、信息攻防），特别是陆军重点建设的陆军航空兵部队、导弹与远程炮兵部队、电子对抗部队、特种作战部队和数字化部队对工程措施、力量和方式等方面的新需求，不断优化工程兵部队编制体制。分析新型作战力量作战运用给工程保障在信息获取、精确保障、立体保障、全维防护、确保机动和战场阻绝等方面的重大影响，创新工程保障方式方法。最后，着眼新时代军事斗争准备的外向性，探索军事力量走出去工程保障的方法与途径。军事力量走出去是我国武装力量依据国家法律，按照党中央、中央军委战略决策和部署，走出国门、走向世界，保障国家“一带一路”倡议顺利实施，维护海外利益安全，促进军事交流与合作，增进国际战略互信，维护世界和平，提升大国地位，实现中华民族伟大复兴中国梦的重大举措。然而，军队行动离不开机动、防护和后勤等工程的支援，境内如此，境外更是如此。军事力量走出去，远离祖国，首先遇到的就是“落脚点”及其建设与运用问题。提升我军海外行动能力，在加强军队自身能力建设的同时，必须注重海外行动的保障性工程建设与运用问题。

四、智能高效

智能高效，即运用大数据、云计算、人工智能等颠覆性技术手段，精细而准确地筹划和运用作战工程保障力量，利用智能化工程装备，在准确的时间、准确的地点为部队作战提供数量准确、质量优良和及时可靠的工程保障。

（一）工程保障智能高效的要求

探寻战争制胜机制，紧贴新型工程保障力量智能特性，以前瞻视角探寻智能化工程保障方式演化发展，是当前和今后一个时期创新完善工程保障前沿理论体系、科学运用智能化工程保障力量亟须攻克的课题。

一是要深度认识和理解战场。实现工程保障的智能高效，对战场的共同认识和理解成为保障要素、保障单元协同行动的前提条件。战时，依托分布式的智能化侦察预警设备，实时获取战场工程信息，并对海量工程信息进行智能化分析、处理，采取作战云模式对工程信息进行统一管理，按需按权限分发共享工程信息，构建时空基准统一、标准规范一致的联合战场工程保障态势图，为共同掌握战场态势提供统一的背景。

二是要加快工程保障指挥智能化升级。工程保障空间空前扩展、要素极大丰富、体系动态变化，迫切需要智能技术在战场感知、指挥决策和人机交互等方面深度运用。在智能感知方面，构建透明可见的数字化作战环境，开展多源情报融合、战场情况研判等方面的智能化处理，拨开战争迷雾，透析敌方作战意图，预测战局发展。在智能决策方面，通过构建作战模型规则，以精算、细算、深算和专家推理方式，辅助指挥员在战略、战役、战术等多级工程保障筹划规划和临机处置中实现快速决策。在智能交互方面，构建全息投影数字沙盘、沉浸式战场感知指挥、穿戴式智能设备等新型人机交互环境，为指挥员感知战场、掌控战局提供智能化手段支撑。

三是要构建智能化无人化工程保障系统。核心在于瞄准未来战争“零伤亡”“全覆盖”“快响应”等要求，充分运用新理论、新材料、新工艺、新能源、新技术发展成果，在人机协同和自主行动两个方面不断取得突破，规模化打造新型智能化无人化工兵，实现无人化工程保障系统的体系化协同行动。在人机协同方面，依托天地一体信息网络、自组网和协同交互技术，打通人机交互链路，建立“人为主导、机器协助、混合编组、联合行动”的有人－无人协作体系，面向复杂作战工程保障任务、全域战场环境，加强安全可靠的信息传输、精准高效的行为控制、高度协同的人机混编等机制和技术研究，实现高契合度的人机协同保障。在自主行动方面，依托任务规划、分布计算和智能组网技术，研究发展反应速度快、适应能力强、可靠程度高、编组计划灵活、行动规划合理的无人化工程保障系统，充分应对地形、天气、灾害、毁伤等各种变化，智能动态调整运动姿态、行进路线、工程作业、能源分配和自愈自毁等策略，实现智能机器替换人类，拓展作战保障空间，避免人员伤亡。

四是要有灵活友好的人机交互。工程保障智能高效，是指依靠智能化工程装备系统准确领会指挥员意图，按照指令组织行动。随着神经网络计算机、光计算机、生物计算机等新概念计算机的出现和运用，在语音识别和文字、图形识别等智能技术的支持下，指挥信息系统人机接口高度智能化，指挥艺术和军事谋略深度融入人机交互系统、专家知识库系统和工程装备智能控制系统中，多学科知识库所支持的专家系统使人机交换界面更加方便、灵活和有效。通过友好的人机交互，指令自动传递到相应的指挥对象，直接控制智能化工程装备系统的保障行动，智能化工程装备通过自身的智能终端，领会指挥员的意图，高效地执行人的命令，实现人与智慧装备的良好融合。

（二）工程保障力量聚散的网络互通

工程保障智能高效的基本条件是其力量的智能化聚散，即借助信息的高度共享和快速流转，实时自动选择动态分散配置在广阔多维战场空间的各种工程保障力量、工程保障资源，构成一个有机的工程保障力量整体，从而充分发挥保障体系的整体效能。智能化工程保障，通过保障体系自协同、自检测和自修复，将分散部署的各种保障力量效能实时聚集，就更有可能赢得主动权。一是节点式的工程保障力量部署。信息化作战空间急剧拓展，信息网络空间具有更大的扩展性，为工程保障编组依托网络节点实施部署奠定了基础。采取节点式部署，可根据工程保障任务的不同需求，同步协调规划信息网络节点和远程保障力量，非线性、不规则、广域疏散动态配置各要素力量和网系节点，进而提高工程保障力量的战场生存能力、反应能力和适应能力。二是网络化的工程保障力量机动。传统工程保障力量机动，主要通过物理空间上的位移实现。智能化战场上，广域分布的战场网络，使各工程保障单元具备了随时在网、随时入网能力，将根据工程保障进程和态势变化适时进行网络机动，调整优化网络配系和链路，塑造工程保障力量可自由进出、动态组合的网络环境，谋取虚拟空间优势和信息优势，进而主导工程保障能量的聚散，达到多维分布、效能聚集效果。三是虚拟化的工程保障力量集中。传统工程保障强调力量借助实体集中形成对敌优势。智能化工程保障，各工程保障单元部署空间广阔、力量分散，工程保障实体并未集中。但其通过横向到诸军兵种、纵向到单个平台的战场信息网络的融合，形成一个有机整体，信息互通、态势互享、行动互动，并根据战场实时态势，动态调整各工程保障要素的信息、保障重点，实现工程保障效能的虚拟集中。

（三）工程保障组织筹划的辅助决策

工程保障智能高效离不开组织筹划的智能化辅助决策，即由智能化辅助决策系统提出多套工程保障方案或计划，供指挥员决断；智能化工程保障单元同步接收指控中心发送的工程保障任务和目标需求，设计最优机动、侦察和作业行动等计划，为后续行动提供条件。一方面，决策系统提供多套方案。在完成战场态势智能认知基础上，智能化辅助决策系统自动进行敌情、我情和战场环境等数据分析，形成相关兵力、装备等对比或分析数据，再根据预先输入的工程保障任务和战场信息，生成多套形象直观的方案和计划，综合评估后供指挥员作出最后决断。另一方面，智能化工程保障单元细化计划。确定进入行动响应程序的智能化工程保障单元接收到上级工程保障任务和保障需求后，根据指控中心的授权，结合本级任务和要求，进一步对战场工程信息进行甄别筛选，自主制定本级最优方案和计划，并作为下一步具体行动的依据。

（四）工程保障效能释放的自主匹配

工程保障智能高效的关键是其效能释放的自主匹配，即智能化工程保障单元在联合作战体系支撑下，根据工程保障任务和需求，自动侦测、识别目标信息，并根据目标的性质、位置、大小、状态等，自主展开精确保障行动，实现工程保障效能精巧释放。工程保障效能释放的自主匹配，不仅实现了精确化，而且可灵巧选择保障方式、保障重心和效能释放能量等级，做到精准、恰当和适量。一是自动统筹工程保障需求。分布在广域空间的智能化工程保障单元，在完成战场态势智能认知的同时，将自动接收指控中心发送的工程保障任务和保障需求，精确判定目标位置、方向、大小、状态等。再根据预期工程保障任务，自主计算与匹配保障目标所需的工程装备种类、行动方式、机动路线等参数。如果自身具备这些需求，智能化工程保障单元便自主匹配；如果自身不具备这些需求，则对外发送相应需求。二是精巧化释放工程保障效能。完成保障要素自主匹配的智能化工程保障单元，在联合作战体系支撑下，在上级和友邻的支援下，灵活采取定点保障、伴随保障和超越保障等方式，将工程保障效能精巧释放在保障对象上，达到保通、破障、设障、生存等工程保障效果。

（五）工程保障行动转换的智能控制

工程保障智能高效还体现在其行动转换的智能控制，即各工程保障单元根据战场态势的发展变化，自主进行状态、形式、范围、空间等调整，以规避正在出现的或即将发生的不利局面，推动工程保障行动向利己的方向发展。智能化工程保障与一般工程保障相比，速度快，不确定因素增多，对工程保障单元行动转换提出了更高的时效性要求。一是基于目标转换。智能化工程保障是以目标为中心的工程保障，各种工程保障资源和行动都将围绕目标设计和展开。但战场上的目标又具有极高的不确定性，这就要求各工程保障单元快速研判态势与对方企图，迅速调整力量部署和行动重点，完成对目标的即时有效保障。二是基于态势转换。一方面，需要根据战场态势的变化，临机调控各种工程保障力量，完成进攻与防御、主要与次要的转换调整；另一方面，相关工程保障单元将在统一指挥和自主互商下，同步联动响应，默契协调相应行动。当战场态势发生重大变化或关键性行动难以执行时，可跨越中间层级，直接指挥相关任务部队，实现战场局部态势的转换。三是基于能力转换。智能化工程保障中，己方工程保障能力会随着工程保障进程不断变化。为避免出现指挥失控、行动失调等现象，需要根据各工程保障单元能力的实时变化情况，有预见性地进行调整，确保能力上始终优于对方。紧盯敌作战及工程保障体系中的关键节点，优化资源、调整部署，有针对性地基于能力进行状态转换，确保连续施压、持续保障和精准控制。

第四章　工程保障方式

工程保障方式是指实施工程保障的方法和形式。信息化作战，力量构成多元一体，作战空间急剧扩大，战场环境高度透明，作战形式转换频繁，工程保障呈现出保障范围宽广、保障对象多元、保障内容复杂等特征。应在定点保障、随伴保障两种基本方式的基础上，基于国家的综合国力，充分发挥诸军兵种特别是新型作战力量的优势，进一步拓展保障方式，积极运用先期预置、全程随伴、立体超越、网络联动、全域机动等多种保障新方式，不断提高工程保障效能。

一、先期预置保障

先期预置保障是指为谋求先胜、赢得战争主动而超前组织实施工程保障，属于典型的预有准备的保障。

（一）基本含义

先期预置保障，是指根据作战预案及其工程保障需求，在作战的重要地点或关键区域，预先配置相应的保障兵力、保障装备和保障物资，战时根据作战需求适时就近展开、定点保障的一种保障方式。其具有如下特点：一是工程保障体系稳定，保障行动准备充分，针对性强，保障效率高；二是保障目标和区域相对固定，保障行动展开迅速，保障的快速反应能力较强；三是可以充分利用预置地区的民用保障力量、保障技术手段和保障装备器材，形成军民融合的保障力量体系；四是有利于依托战区军种保障力量，在作战区域内统一使用保障力量和调配保障兵力。

先期预置保障的重点是预置点或区域的设立。未来作战之所以能够实施先期预置保障，靠的是在战场分布的预置点或区域。而这些预置点或区域能否真正成为工程保障力量的前伸依托，关键在于要根据未来战场的客观条件，科学合理地预设预置点或区域。就位置选择而言，工程保障预置点或区域通常应靠近主要作战方向或设立在交通轴线上，以便及时对战斗力量进行保障支援。除此之外，预置点或区域的确定，还应考虑地形条件和敌情威胁的程度。当地形条件不便于展开较大的工程保障力量，而且对敌情顾虑较大时，各预置点或区域的规模不宜过大；反之，各预置点或区域的规模可适当扩大，保障任务也应较为全面。

（二）地位、作用与适用范围

未来信息化战争突发性强，战时保障需求量大，要求在极短时间内以最快的方式为部队提供全方位、全程化、多手段、持续可靠的有力保障，以满足信息化战争的需求。这意味着工程保障在战争准备中要尽可能提前预置相关力量，预置得越充分，越能以更加强大的保障力量提前进行战场工程准备，在战争开始时就越能做到先发制人。先期预置保障已成为双方交战的重要前提，也成为夺取战场主动权、形成有利态势和赢得战争的有力保证。在重要目标附近固守或配置有一定的力量或装备器材，一旦保障对象遭袭或提出保障需求，保障部分队可在第一时间内作出响应，不必临时筹措大量必需的装备器材，也可快速出现在事发现场，根据行动预案立即展开工程保障。无论是在进攻作战中，还是在防御作战中，抑或是在特殊条件下的各类作战行动中，先期预置保障都可能得到有效运用。另外，由于信息化战场范围越来越广阔，作战地幅内的军事目标越来越多，交战任何一方都不可能对所有敌对目标实施打击，因此只有采取破击体系、重点打击的策略，对支撑对方作战体系的重要目标、重要目标的重点部位实施有选择的打击，才能有效达到作战目的。先期预置保障就是针对敌方重点打击而采取的重点保障，由于需要保障的战场目标众多，而保障力量和资源又有限，在重点目标遭敌袭击可能性较大的情况下，调配适量的兵力对重要目标实施先期预置保障，对及时完成保障任务将是十分有利的。

（三）需要重点把握的问题

第一，预先配置工程保障力量。根据敌情、目标性质和地理条件，通常以战区军种所属的专业保障力量为主体，吸收区域内的地方保障力量，建立各专业工程保障模块，在某个作战阶段，固定配置在重要的战场目标，如港口、机场、码头、渡口、桥梁、重兵集团、导弹阵地、指挥机构等附近，对其实施单一、明确和专项的保障。当定点保障任务完成时，相应兵力即可归建，遂行其后的其他保障任务。如工程兵以道路、桥梁分队为主编成机动保障队，预先配置在重要的交通枢纽、桥梁、道路地段进行驻守维护，随时确保道路畅通无阻，以保障部队顺利实施机动。

第二，预先存放工程装备器材。在一些重要目标附近或重要地区，预先储存一些在遂行保障任务中可能会用到的大型或重型保障装备（如推土机、装载机、大型桥梁器材、舟桥装备等）、必需的保障物资器材（如钢材、木材、块石、水泥及其预制构件、炸药、油料等）、常用的应急设备（如装卸设备等）、易损耗的装备零配件、零部件以及通用的装备器材（如运输车辆）等。预先存放装备器材，既可以满足小规模保障部队成建制的列装需要，使其在到达预置地点后，能立即获得各类装备物资的补给，快速形成保障能力，也可以对正常执行保障任务的兵力实施装备物资的补充和加强。如在一些重要的大中型桥梁附近预先存储适量的制式和就便桥梁器材，将有利于对桥梁实施快速的维护抢修。第三，预先构筑保障设施。在某些重要的预定作战地区，事先构筑一些地下或半地下的观察工事、指挥工事、掩蔽工事、给水站等工程保障设施，一旦部队进入该地区，即可适时启用，使部队得到及时可靠的保障。

二、全程随伴保障

全程随伴保障是零距离贴近保障，与作战行动实现无缝对接，具有较强的时效性。

（一）基本含义

全程随伴保障是指保障力量随同主战力量一起行动，保障其作战行动的一种保障方式。在行动的全过程，工程保障专业力量依托自身携带的装备器材和可能的就便器材，对作战力量提供适时必需的连续保障，确保其行动顺利展开和实施。其具有如下特点：一是保障及时、迅速，时效性强，保障力量与战斗力量一体，保障行动与战斗行动一体，可以最大限度地消除保障力量和保障对象之间的空间差和时间差；二是保障任务出现突然，随机性强，敌情威胁严重，受环境影响大；三是物资器材的携带量有限，战场补充困难，保障物资补充困难，持续保障力差，因此在开始行动前需要制订周密的工程装备器材保障计划，包括装备器材的分配、使用、筹措等。因此，全程随伴保障可成为机动作战、纵深作战、空（机）降作战等机动性作战行动中的基本保障方式，但需与其他保障方式相结合才能具备持续的保障力。

实施全程随伴保障要求保障力量应具有较强的保障能力和战场应变能力，能够根据战斗行动需要及时完成保障任务。因此，采用全程随伴保障方式时，应抽调技术素质好且具有较强独立保障能力的保障力量，按照合理够用、一体编组的原则，把工程保障力量模块“嵌入”战斗力量编组，使其成为战斗力量编组的有机组成部分，在遂行战斗任务的过程中，专门负责该战斗单元的保障任务。它既符合保障力量集中使用的原则，能够发挥整体保障效能，又紧贴战斗单元，能够实施及时快速的保障。

（二）地位、作用与适用范围

与静态的先期预置保障不同，全程随伴保障属于一种动态的工程保障，通常在机动作战、长途开进、迂回穿插、追击以及特种作战行动等流动性较大的作战行动中实施。在作战行动过程中，当遭敌方袭击时或遇到突发情况时，由于是同步行动，因此工程保障力量几乎和作战力量同步感知战场态势，快速地判断决策，并采取行之有效的工程保障措施而化解战场难题。全程随伴保障，可随时展开工程保障行动，具有较强的针对性。在伴随作战力量机动执行任务的过程中，由于敌情不确定，加之受复杂多变的地形地质等自然地理条件的影响，意外情况随时可能突然出现，因此工程保障力量必须保持高度警惕和戒备，随时做好遂行工程保障任务的准备。全程随伴保障，实现了战保一体化。通常将本级隶属和上级加强的保障力量，编组成若干小型综合、具有一定独立保障能力的保障群（队），一般编在作战部队战斗队形中，并紧随部队展开行动，与被保障单位一起集结、一同机动，形成在作战中保障、在保障中作战的态势。在执行任务期间，通常归作战部队指挥员统一指挥，并与部队保障机构紧密协调，共同完成保障任务，完成任务后迅速归建。实施全程随伴保障，一方面，可以随时处置各种突发性的保障情况，实现与保障对象间最紧密的结合，确保不间断的连续保障；另一方面，可以依托战斗集群的防护和反击能力，保证保障力量的安全。

（三）需要重点把握的问题

第一，依据力量编组，科学区分保障任务。全程随伴保障力量主要包括两个方面：一是由诸军兵种工程保障力量根据联合作战任务和要求，编组精干、机动能力强、具有一定独立保障能力的保障群（队）；二是由战区或战略保障力量编组保障群（队），直接配属给战术兵团或部队实施保障。战前预测作战主要行动和随伴保障任务，依据任务规模和任务量需求，科学筹划两类随伴保障力量。第二，适时展开保障行动。组织协调随伴保障兵力、装备和器材，在战斗编成编组上实现保障力量与作战力量一体化。适时展开随伴保障行动，应把握随伴保障的有利时机，尽可能地进行随伴保障的直前准备，提高保障的针对性和有效性；注重保障行动与作战行动融为一体；实施综合性与专业性相结合的随伴保障；随机应变，根据战斗行动需要及时完成各种保障任务。第三，与先期预置保障协同。在与作战力量保持密切协同的同时，要主动做好与先期预置保障之间的协同，并依托可能的先期预置保障补充人员和装备器材，提高持续保障能力。

三、立体超越保障

立体超越保障通常是跨越建制内的保障层次或隶属关系，直接以战略或战役工程保障力量，对某个作战单位或战斗行动实施战术性的支援保障，是保障过程信息化和保障装备特别是投送装备机动能力提高的产物。

（一）基本含义

立体超越保障，是指为满足作战保障需求，通过简化工作程序和超越中间保障环节，利用快速运送工具，将工程保障力量包括必要装备器材和物资由战役纵深一步到位地输送而实施的保障。其具有三个特点：一是精确高效。实施跨越各种保障级层的点对点保障，减少了保障的中间环节；保障的效率高、速度快、针对性强；适时、适地、适量、适配保障，使保障更加精确。二是限制条件少。传统的工程保障无论是采取定点、分段（区）和随伴保障中的哪种方式，保障力量都要通过平面机动的方式到达任务区，其自身机动受地形影响大、时间长，特别是在地形比较复杂的地区执行保障任务，保障力量自身机动就是一大难题，而采取立体超越保障方式，却能够从根本上避免这种问题，快速到达任务区完成保障任务。三是效能集中。采取立体超越保障，能够随时根据需要编组保障力量，避免传统保障方式中处处部署保障力量和容易导致同样的保障力量在遂行任务时出现任务轻重不一的现象，而在最需要的地方又不能够集中效能实施精确保障，造成兵力使用上的资源浪费。

实施立体超越保障，一是要有实时的保障需求感知能力。在作战过程中，当某个被保障单位遇到特殊需求，本级保障能力难以满足而需要上级以立体超越保障快速支援时，应当迅速将保障需求信息通过一体化的保障信息系统发送出去，让上级保障指挥机构及时了解部队的保障需求。二是要有灵敏的快速反应能力。保障指挥机构接收到一线部分队的保障需求信息后，应当实时反应，做出必要的判断决策，并快速行动起来。由于越级上报的保障需求往往是情况紧急、资源特殊的，首先应当在本级保障资源中进行搜索匹配，如能够满足可立即实施立体超越保障；反之，则立即将保障需求信息报告至上一级保障指挥机构，在更大的范围内选择合适的保障资源。三是要选择合适的机动平台。立体超越保障往往要克服较大空间范围的难题，应当选择合适的机动工具将急需的人员、装备、物资器材从远距离输送至工程保障作业区或作业点。

（二）地位、作用与适用范围

立体超越保障方式决策层次高，动用资源多，牵涉面大，组织指挥复杂，通常是在保障需求比较特殊或战况比较紧急的情况下使用，是作为先期预置保障、全程随伴保障、网络联动保障等常用保障方式的补充或加强。随着强军目标的逐步实现，立体超越保障方式的运用时机更加多样化。一是全过程使用，只要各方面条件满足，都应尽可能采取这种保障方式；二是应急使用，当作战部队在行动过程中突然遭遇工程保障难题时，且又无法采取其他保障方式或时间上不允许时，应及时抽调保障力量实施立体超越保障；三是在保障兵力不足时使用，作战部队建制与加强的工程保障力量较小，面临的保障任务又比较重，不能同时满足多个方向定点或分段（区）保障任务时，可将保障力量集中编组，根据各方向需要随机实施立体超越保障。

立体超越保障反映了信息化战争对工程保障的最直接、最紧迫的要求。在作战行动中，对于作战部队和工程保障力量而言，最理想的状态当然是部队缺少什么就保障什么，部队什么时间需要就什么时间保障，部队走多远就保障多远。在瞬息万变的信息化战争中，无论是战略战役行动还是战术行动，立体超越保障都不失为一种满足这些要求“最具价值”的保障方式。而且这种保障方式随着信息和物联网技术的发展，其保障范围将进一步扩大。

（三）需要重点把握的问题

一是多案充分准备。立体超越保障的力量，通常以集团军工程保障力量以及上级工程保障力量为主体，并与地方保障力量相结合，同时还需配备充足的运输力量。战前充分预测作战主要行动和立体超越保障任务，周密进行筹划准备，视情拟制多种情况下的立体超越保障方案，做好远距离直达投送准备。二是多种保障方式密切协同。一方面，空中输送力量和空地掩护力量是实施立体超越保障的基础与依托，要周密组织与空中运输力量的协同和与空地掩护力量的协同；另一方面，要抓好各种保障方式间的协同，弥补单一保障方式的不足，主要是做好与先期预置保障、全程随伴保障之间的协同，并依托可能的其他保障方式补充人员和装备器材，提高再次超越保障能力。

四、网络联动保障

网络联动保障是一种网络化的工程保障方式，通过分布式的网络体系，把作战地区的所有工程保障力量和资源凝聚成一个有机整体。

（一）基本含义

网络联动保障，一是将分散配置在作战地区不同区域（地点）的工程保障力量、工程保障资源和相关要素，通过战场信息网络连接形成分布式的网络化工程保障态势，实现工程保障力量分散部署、一体聚合，对作战地区内各部队及其行动进行保障。二是将作战地区划分成不同的保障区域，并在每个保障区域内建立或部署相应的工程保障力量、工程保障资源和相关要素，对保障区域内部队及其行动进行保障。其主要特点：一是保障力量固定而保障对象不固定，保障力量与保障对象之间的关系是一种区域保障责任主体与机动保障客体的关系，保障的任务清晰、职责分明；二是实施就地、就近、就便保障，提高了保障效益，减轻了作战部队自身的保障压力，使作战力量更加精干、灵敏、高效；三是能够充分利用平时的保障基础，有效发挥各军种的区域保障优势和地方保障力量的作用，结合平时部署，实行划区联动保障；四是保障力量对任务区域内的地形、交通、通信、物资等情况熟悉，有利于保障行动的顺利展开；五是能够利用军地信息平台，综合集成各种保障力量、保障资源和保障要素，形成整体联动的战场保障网络，实现纵横、多边的保障资源共享和三军一体、军民结合的保障力量联动。

实施网络联动保障，一是要及时投送作战地区内工程保障力量。工程保障力量分散部署成为信息化战争工程保障力量运用有效选择，应综合运用作战地区内铁路、公路网络和水路、航空等运力，建立网络化的工程保障力量投送体系，保障不同方向、不同区域（地点）的工程保障力量快速聚合，确保作战进程发展到哪里，工程保障力量就快速投送和保障到哪里。二是要分散分区配置工程保障力量、资源和相关要素之间的网络信息支撑。虽然工程保障力量在部署上是分散的，但由于工程保障信息系统的运用，使诸军兵种工程保障力量有机结合在一起，形成一体化的保障能力。因此，网络联动保障的核心是战场信息的联动，并以信息联动导引功能联动和部队联动。三是要提高工程保障自身的战场生存能力。网络联动保障遂行区域保障任务的工程保障力量进入保障地域的时机，通常是随部队一起进入，甚至先于作战部队提前进入，保障力量部署相对固定，机动性较差，被敌方侦察发现并实施打击的概率较高，且难以得到保障对象的专门防护，对自身安全极其不利，生存环境险恶。为在敌方严密侦察监视和火力威胁下遂行保障任务，工程保障群（队）不仅要提供作战部队伪装隐蔽的保障所需，而且要特别注意加强自身的隐蔽，通过选择有利地形展开和严密伪装，适时转移和机动，提高自身生存能力。

（二）地位、作用与适用范围

实行网络联动保障，一方面，不仅能够集中体现各作战区域独立作战的思想和要求，而且能够体现统一保障、就近就便、整体效益的原则；另一方面，能够在战略、战役、战斗的纵深和浅近纵深地域内形成相互联系、相互依托的保障网络体系，使各战区内的保障力量既相互联系又相互独立，既是整体网络中的一部分，又可以形成各自的区域性网络，收到较好的“弹性”，在信息化作战中必是一种与信息网络发展要求相适应的保障方式。网络联动保障，通常在作战规模较大、作战方向较多、战场流动性较小，且保障力量较充足的情况下使用；一般在作战准备阶段和防御性作战行动中使用，如渡海登岛作战、岛屿封控作战准备阶段以及边境防御作战和反空袭作战等。在某些特殊条件下进攻作战行动时，由于受地形等战场环境的制约，也可采用这种保障方式。在进行网络联动保障时，通常将工程保障力量、资源和相关要素分散配置在作战地区或其中的各区域，各自负责本区域内的保障任务，凡是在某个区域内遂行作战任务或临时进入该区域的部队，都由该区域的保障机构实施保障。这样，既弥补了按建制保障能力的不足，又充分发挥了保障力量的整体优势。

（三）需要重点把握的问题

一是模块化编组保障力量。网络联动保障力量，主要由作战地区的地方保障力量和上级支援的保障力量构成，分散或分区域配备保障力量，并确保各区域都具有独立遂行保障任务的能力。将不同建制的保障力量进行模块化编组，形成功能完备、专业互补、具有独立保障能力的混编工程保障群（队），按照保障区域和保障目标的分布划分不同的保障区域，实施相对固定的分区划片保障。二是按需编组，适时行动。按专业保障流程，以完成最小保障任务为单元，编组积木式保障模块，视保障任务灵活调整，使工程保障编组与保障需要相适应。按照模块化编组要求，突出主要功能，兼顾其他功能，组建具有多功能的工程保障群（队）。适时展开网络联动保障行动，把握分散或分区域配置保障力量的有利时机，尽可能预先进行网络联动保障的各项准备，提高保障的针对性和有效性。三是积极主动协同。组织好各个区域内保障行动的联结与协同，使各区域的保障相互衔接，形成纵横相联的网络型工程保障体系。在作战过程中，应根据作战态势发展、保障目标分布及保障力量的损耗等实际情况随时调整力量规模和编组，以保证对各保障区内的保障目标实施持续、快速、可靠的保障。同时，还要主动做好与先期预置保障、全程随伴保障、立体超越保障之间的协同。根据作战方向或保障力量的职责范围分散配置保障力量或划分保障区域，建立群专结合的区域性工程保障力量体系，形成分散（分区）配置、分布式部署、网络联动的工程保障布势，对进入保障区域内的作战兵力和行动实施全域性或区域性的联动保障。在作战地区，哪里有需求，就向哪里集中足够的工程保障力量；需要保障到什么程度，工程保障力量就集中到什么程度，适时、适量、适地保证作战需要；依托网络信息体系，使分散分区部署的人流、物流、技术流实现及时聚合传递和能量精确释放。

五、全域机动保障

全域机动保障，是适应军队由区域防卫型向全域作战型转变而采取的新型工程保障方式，反映了信息化战争对工程保障的新要求。

（一）基本含义

全域机动保障是指通过立体机动的方式，迅速将保障力量投送或机动到达保障区域，对作战力量和行动进行随机保障的一种方式。其具有如下4个特点：一是具有较高的及时性和较强的应变能力，可根据战场情况及时向主要作战方向增援保障力量，灵活应对可能出现的战场复杂情况；二是保障力量的使用效率高，保障的范围广，便于在作战区域内机动使用和调配保障力量；三是保障任务的突然性、随机性较强，保障任务转换频繁，不确定性因素多；四是保障力量与保障对象之间是一种临时关系，保障力量没有固定的保障对象。

全域机动保障应重点关注两个问题：一是必须以战场信息系统为支撑，全面把握战场态势和作战进程，及时了解作战部队的保障需求，果断进行保障决策；二是建立以信息化工程装备为主体、具备较强的机动能力的保障部分队，广泛使用运输直升机、战术运输机等快速输送、投送保障力量及装备器材，为保障力量实施全域机动创造必备的物质条件。

（二）地位、作用与适用范围

全域机动保障的本质是工程保障力量的远程投送与随机应急，并及时满足一线或前沿作战部队的作战需求。实施全域机动保障的地位作用主要表现：一是顺应了信息化战争机动作战的需要。工程保障力量的全域机动，是在掌握相当数量适应机动作战要求的、具有反应速度快、机动能力强的多功能机动保障力量基础上，实施的应急性保障任务。二是满足了信息化战争战场情况急剧变化的需要。信息化战争战场情况变化莫测，主次转换频繁，战前预设的工程保障力量使用计划与战中实际情况不适应的情况层出不穷，需要工程保障力量根据战场情况的变化，通过及时灵活地局部调整，迅速形成与作战情况变化相适应的工程保障力量布局。三是适应了信息化战争攻防一体作战的需要。全域机动的工程保障力量的运用必须既能保障防御作战又能保障进攻作战，具有灵活机动保障攻防作战行动的能力。同时，能够高度灵活地调整运用方案，以适应信息化作战行动攻防转换频繁的特点。

（三）需要重点把握的内容

实施全域机动保障主要把握以下两方面的内容：一是合理区分保障任务。全域机动保障的力量以战区工程保障力量、上级专业保障力量为主体编成，吸收地方保障力量组成机动保障群队，对作战行动实施机动保障。各军种专业保障部分队联合构成机动保障力量，按不同的保障任务编成若干个保障群队，对作战中临时出现的保障任务进行支援性保障。作战力量中的保障部分队编组机动保障群，对本级作战行动实施机动保障。二是注重协同实施高效保障。在作战过程中，应根据作战态势发展、保障目标分布及保障力量的损耗等实际情况随时调整保障力量的规模和编组，以保证对保障目标实施持续、快速、可靠的机动保障。同时，还要主动做好与先期预置保障、全程随伴保障、立体超越保障、网络联动保障之间的协同。全域机动保障的力量由上级统一指挥，当某个作战方向本级难以实施保障时，迅速派出机动保障力量实施工程保障。需要综合运用现代化的交通工具，采用陆路、水路、航空等多种手段，将保障力量和物资快速及时地投送到作战地区，迅速形成保障能力。

第五章　工程保障力量

工程保障力量是用于遂行工程保障任务的所有人力、物力和战场工程信息的总和，是作战力量体系的重要组成部分，是实现作战企图的重要因素，是完成作战工程保障任务的物质基础和先决条件。工程保障力量的强弱，是由各作战军（兵）种人员的素质、工程装备器材的数量及战术技术性能、工程保障力量的组织结构形式以及组织指挥能力等综合因素决定的。当前，在信息化战争形态、作战方式、军队转型建设和军事斗争准备等因素的共同作用下，工程保障力量结构、运用方法、建设发展呈现新的特点和需求，研究工程保障力量的构成、运用和建设发展，对全面提升我军整体工程保障能力具有十分重要的意义。

一、工程保障力量构成

工程保障力量由陆军、海军、空军和火箭军编成内的工程兵（工程力量）、担负工程保障任务的其他军兵种部队力量，以及用于完成工程保障任务的地方工程保障力量组成。工程兵是工程保障的技术骨干力量，除工程兵以外的其他军兵种是工程保障的基本力量，地方工程保障力量是工程保障力量的重要补充，各种工程保障力量紧密联系，共同发挥作用，形成不可分割的统一整体。

（一）工程兵（工程力量）

陆军专业工程保障力量主要是指工程兵，海军、空军、火箭军专业工程保障力量除工程兵外，还有部分专业工程力量。各专业工程保障力量装备有系统配套的制式工程器材，经过专门的工程专业训练，工程专业技术熟练，是完成工程保障任务的技术骨干力量。

1. 陆军工程兵

陆军工程兵由工兵、舟桥、伪装、给水工程、工程维护、工程建筑等部（分）队组成。

调整改革后，陆军工程兵包括工程维护总队、战区工程维护团（大队）、工程防化（工兵）旅、舟桥旅、工兵团、舟桥团、给水工程团，以及合成师旅、兵种旅所属工程兵分队。总体来看，其力量结构和编成形式更加适应陆军全域机动作战需要。

战略层次，陆军工程兵主要包括为首脑机关提供指挥工程保障的工程维护总队、负责克服千米以上宽大江河的舟桥旅、可跨域提供野战给水保障的给水工程团。工程维护总队由陆军直属，由工程维护团、工程伪装团以及作战支援、勤务保障力量组成，主要承担首脑指挥工程维护任务和战略工程伪装任务；战区舟桥旅，包括 2 个舟桥旅和 1 个舟桥团，其中舟桥旅全部编配三代重舟和特种舟桥，主要担负江河保障任务；战区给水工程团，主要指 2 个工程给水团，部署在华北、西北地区干旱缺水地区，主要担负区域给水保障和跨域野战给水保障任务。

战役层次，陆军工程兵主要包括战区工程维护团、工程防化旅、工兵旅、工兵团。战区工程维护团，由工程维护力量和作战支援、勤务保障力量组成，担负战区指挥工程维护任务。新疆军区编有工兵团，除西藏军区外，工程防化旅（工兵旅）与集团军同步部署，由道路、桥梁、舟桥、筑城、伪装等专业力量和作战支援、勤务保障力量组成，是集团军战役作战工程保障的技术骨干力量、战区联合作战工程保障的支援力量、陆军全域机动的支撑力量、非战争军事行动的突击力量，主要担负战区战役机动工程保障、实施生存支援、担负抢建抢修和工程信息支援等作战保障任务。

2. 海军工程兵（工程力量）

海军工程兵（工程力量）主要由海军舰队所属的筑港工程部队、工兵部队，海军舰队航空兵和海军基地所属的工程部队、工兵部队组成。通常海军舰队编有筑港工程总队和工程团；海军舰队航空兵和每个海军基地编有工程大队和工程团。同时，海军陆战队的作战支援旅编工兵营，陆战旅作战支援营编有工兵连。其基本任务是构筑与维护海军港口工程，构筑与维护海军战役指挥所，构筑与维护海军航空兵机场，构筑海军岸防工程和其他防御工程，参与排除港区障碍，对海军港口等重要目标实施战役工程伪装。

3. 空军工程兵（工程力量）

空军工程兵（工程力量）由战区空军所属空防工程部队、场站的场务连、洞库机场的洞库维护连以及空降兵军的工兵分队组成。战区空军通常编有空防工程总队，每个总队下辖空防工程大队和机场工兵勤务队；每个场站还编有场务连，有洞库的机场还编有洞库维护连；空降兵军的作战支援旅编有工兵营，空降兵旅的作战支援营编有工兵连。空军工程兵（工程力量）的基本任务是维护与扩建机场工程，构筑与维护野战机场，构筑空军防空兵的阵地工程和必要的地面防御工程，构筑与维护空军战役指挥所，对机场等重要目标实施工程伪装，构筑空降兵装载地域，开设空降场等。

4. 火箭军工程兵（工程力量）

火箭军工程兵（工程力量）通常采取三级编制体制，分别是火箭军直属工程部队、基地编制内的工程兵部队和导弹旅编制内的工程兵分队。火箭军直属工程部队主要的编成形式是火箭军工程基地，下编工程建筑部队、工程安装部队和工程装备维修部队，以旅（团）形式编制。火箭军基地通常编有工兵团，下辖工兵营、筑城给水营、道路桥梁营、阵地维修营及团直属队。导弹旅编有工兵营，下辖道桥连、工兵连、筑城给水连、阵地维修连及团直属队。火箭军工程兵（工程力量）的基本任务是构筑与维护导弹阵地工程，保障导弹部队的地面机动，构筑与维护战役指挥所，对导弹阵地等重要目标实施工程伪装。

（二）其他军兵种力量

除工程兵外的军兵种部队既是工程保障的对象，又是工程保障的重要力量。除了一些技术复杂的工程项目由工程兵担负或给予一定的支援，本级行动范围内的工程保障任务主要由自身力量来完成。即使是由工程兵担负的技术复杂的工程保障任务，也需要其他军兵种力量的协调与配合。未来信息化联合作战，工程保障任务十分艰巨，战场情况变化急剧，临时出现的工程保障任务多。因此，参战的其他军兵种力量必须树立自我保障的意识，立足于自身力量实施自我保障。其他军兵种力量担负的主要工程保障任务包括：构筑与抢修供本军兵种部队使用的野战工事，包括配置地域、待机地域的野战工事，防空兵、炮兵技术兵器发射阵地的射击、掩蔽、观察工事以及交通壕等的构筑；构筑与维护各军兵种配置地域、待机地域和发射阵地的接近路和进出路；排除和设置简易障碍物；对其配置地域、待机地域、发射阵地以及接近路和进出路实施简易的工程伪装，包括对工事、人员、武器装备等单个目标以及其配置地域、待机地域、发射阵地等各种集团目标进行伪装，根据作战需要构筑必要的假阵地、假工事，设置假目标；充分利用原有水源，依靠自身的力量，构筑野战给水站；配合工程兵部（分）队完成复杂的工程保障任务。

（三）地方工程保障力量

地方工程保障力量主要是指战时根据需要，由国防动员部门动员参战的地方工程技术力量，主要由人防工程专业力量、交通战备工程力量、民兵和人民群众组成。人防工程专业力量主要负责对城市电厂、水厂、交通设施等重要经济目标进行工程防护和抢修抢建；交通战备工程力量主要负责对战略纵深的交通节点设施进行抢修抢建，保障交通线畅通；民兵和人民群众主要担负的工程保障任务包括：维护战役纵深道路、桥梁、直升机起降场以及其他各种交通设施，配属部队参加野战阵地构筑和维护，参加对战役纵深内的交通枢纽、桥梁、渡口等目标实施工程伪装，配合部队构筑反坦克和反空（机）降障碍物，在作战中广泛开展破坏作业，断敌交通，阻滞敌机动等。

二、工程保障力量运用

信息化战争工程保障任务类型多样、工程量大、技术性强、时效性要求高，仅靠单一的工程保障力量，难以满足工程保障需要。为此，必须着眼信息化战争工程保障的需要，打破军地、军种的隶属限制和专业限制，将多元工程保障力量从组成要素、专业属性、功能属性、结构属性等方面进行高度融合，形成一个有机联系的整体，统一区分任务和兵力，合理调配使用，实行诸军兵种联合、军地一体的保障体制，以工程保障力量的整体优势，促进工程保障整体合力的形成。

（一）科学运用军队工程保障专业力量

军队工程保障专业力量是遂行联合作战工程保障任务的骨干力量，它专业种类齐全，人员素质普遍较高，工程装备、作业器材配套齐全，同时各军种工程保障专业力量在专业编成、装备编配和技术特长方面又存在一定差异，运用时既要考虑各军种工程保障专业力量的特殊性，充分发挥各自的专业技术优势，又要考虑各军种工程保障专业力量功能互补，从作战全局出发，将各军种工程保障专业力量有机融合，发挥整体效益。

一是合理确定各军种工程保障专业力量运用方式。应根据联合作战需要和工程保障实际，统筹计划使用工程保障专业力量。第一，陆军工程兵（工程力量）运用方式。联合作战中陆军工程兵运用，既要有利于对工程保障能力的总体发挥和宏观调控，又要使主要方向、主要集团有较强的工程保障能力，通常采用大部集中使用和部分向下加强相结合的运用方式。向下加强，主要着眼于保障第一梯队或单独执行任务部队的行动，增强下级战役军团、战术兵团的独立保障能力。集中使用，主要用于重要方向、关键地区和主要任务。陆军战役军团在作战准备阶段，通常按建制使用集中掌握的工程兵；在作战实施阶段，通常将直接掌握的工程兵按任务、编制装备情况，编组若干个保障群队，事先赋予其较明确的任务，规定其在作战部署中的位置和行动方法。第二，海军工程兵（工程力量）运用方式。联合作战中通常以海军工程部队为主，必要时可得到陆军工程兵的加强，以及地方专业力量、民兵和人民群众的支援、配合，编成海军工程保障群，配置在海军基地内便于隐蔽、机动的地区，成建制使用。海军舰队所属的筑港工程部队配置在主要基地内或便于执行任务的地区，工程团配置在舰队指挥所附近；舰队航空兵所属的工程大队配置在舰航机场附近，工兵团配置在舰航指挥所和防空阵地附近。基地所属的工程大队配置在主要港口附近，工程团配置在基地指挥所和海岸防御阵地附近。海军陆战队工兵分队部署在海军陆战队进攻、防御地域内，随海军陆战队行动。第三，空军工程兵（工程力量）运用方式。空军战役军团编成内的工程部队由战区空军集中控制，通常按建制使用。由于空军工程部队是一支平战结合的工程保障力量，与战役工程保障任务的对应性很强，而且空军的地面工程相对固定，因此，应根据空军的战役部署、工程保障任务的分布情况，在平时部署的基础上进行适当调整，实施按区域有重点的部署。战区空军所属的空防工程总队除留部分预备兵力外，大部兵力配置在战区空军指挥所、重要机场和防空阵地附近，便于隐蔽、机动和执行任务的地区；机场工兵勤务队配置在重要机场内或周围地区。空降部队工兵分队部署在空降部队作战地域内，随空降部队行动。第四，火箭军工程保障专业力量运用方式。火箭军战役军团编成内的工程兵部队，由战役军团集中控制，通常按建制使用。基地编成内的工兵营、筑城给水营配置在基地指挥所附近便于执行任务的地区；阵地维修营配置在主要发射阵地和技术阵地内或附近地区；道路桥梁营配置在基地内重要道路桥梁和交通枢纽附近，并准备伴随转移阵地的部队实施机动工程保障。

二是综合运用各军种工程保障专业力量。联合作战中，工程保障专业力量的运用也可根据实际情况，按任务编组，分区配置。由联合作战指挥员打破军兵种界限，将陆军、海军、空军和火箭军的专业工程保障力量统一筹划、统一编组、统一区分任务。第一，确定专业工程保障力量编组与配置。通常将参战的诸军兵种专业工程保障力量的大部，编组为若干个区域综合工程保障群，分区配置在各工程保障责任区内，担负各责任区内的工程保障任务。同时，其他工程保障专业力量由联合作战指挥员直接掌握，根据需要，编组成机动工程保障群、应急工程保障群和预备工程保障群，隐蔽配置在便于机动和执行任务的地区，在整个战区内担负跨各个责任区的工程保障任务。这种运用方式有利于实行统一指挥、分区负责，减少指挥层次，发挥各责任区的主动性和积极性，有利于发挥各军兵种专业工程保障力量的整体保障效能。第二，“积木式”编组综合工程保障群。把各专业工程保障力量、勤务支援力量，根据需要编组成各综合保障群、队，采取以群、队为基本单位的积木式结构，组成不同规模、不同类型、不同保障能力的保障实体。各综合工程保障群均为能独立遂行多种工程保障任务的综合实体，通常由若干个单一功能、能执行单项工程保障任务的专业工程保障群（包括防护工程保障群、伪装工程保障群、机动工程保障群、反机动工程保障群和给水工程保障群）构成，而各专业工程保障群根据需要可由相应的工程保障队构成。防护工程保障群主要由指挥工程抢修队、阵地工程抢修队等各防护工程抢修队构成；机动工程保障群主要由各道路抢修队、渡河工程保障队、桥梁抢修队、机场抢修队、港口抢修队构成；反机动工程保障群主要由陆地障碍设置队、空中障碍设置队和水中障碍设置队构成；伪装工程保障群主要由各工程伪装队构成；给水工程保障群主要由各给水工程抢修队构成。这些工程保障群均由各相应的工程兵专业分队和勤务分队编成。第三，临时抽组工程保障群。在联合作战中，可根据作战需要，从各专业工程保障群中抽调部分工程保障队，临时组合成执行某一具体工程保障任务的工程保障群，其编成、规模、数量由任务需要和工程保障队的保障能力确定。例如：为保障指挥所的安全和指挥稳定，可抽调部分工程抢修队、道路抢修队、工程伪装队、机场工程抢修队、障碍设置队等编组成指挥所工程保障群；为维护、抢修机场，保障航空兵作战行动，可抽调部分机场工程抢修队、道路抢修队、防护工程抢修队和障碍排除队等编组成机场工程保障群；为维护港口和码头，保障舰艇作战行动，可抽调部分港口抢修队、道路抢修队、工程抢修队和障碍排除队等编组成港口工程保障群；等等。

（二）融合使用军地工程保障力量

融合使用军地工程保障力量，就是在信息化作战中，根据工程保障任务需要，将军队工程保障力量与地方工程保障力量融合成一个有机整体，统一指挥、密切协同、联合行动，以最大限度地发挥军地工程保障力量各自优势，实现最大保障效益。军地工程保障力量融合使用，是提高信息化作战工程保障整体效能的必然要求。

一是建立军地工程保障力量融合使用机制。随着军地信息化建设的深入发展，军地工程保障力量都得到了很大的发展，特别是地方工程保障力量在工程技术和工程装备器材方面发展更迅速，保障能力越来越强，可以而且应该在工程保障中发挥更大的作用。要紧紧围绕工程保障任务，着眼充分发挥军地工程保障力量各自优势，从领导机构、信息共享、相互协调等方面，建立军地工程保障力量融合使用机制，确保军地工程保障力量整体效能的发挥。第一，建立统一的领导指挥机制。根据作战地域、作战规模、作战样式的不同，建立领导机构，统筹协调军地各方妥善解决本级军地工程保障力量融合使用过程遇到的问题，研究和制定本级军地工程保障力量融合使用的规划、目标和方案，对本级军民工程保障力量融合使用的各项具体工作进行检查、监督和管理，对下属机构和下级组织的相关工作进行指导和督促等。第二，建立科学的军地信息资源互通共享机制。军民双方除特殊保密部分外，应为对方提供有关信息，军队要及时向地方发布需求信息，地方要向军队提供经济和社会资源情况，构建军地一体的信息平台，全面融合信息资源。规范信息平台建设的设备选型、软件使用、配置标准、连接方式、文件格式和互联范围，做到信息资源数据格式统一、网络技术体制统一、数据库建设标准统一。第三，建立高效的军民相互协调、相互支持的工作机制。各级机构要加强沟通协调，按照“军队提需求、动员机构搞协调、政府抓落实”的工作格局，通过各种工作机制搭建工作平台，进一步完善军队和政府部门之间，军队、政府和动员机构之间的职能分工和运行机制。

二是合理区分军地工程保障力量任务。信息化战争工程保障任务艰巨，专业技术复杂，时效性要求高，单靠军、地工程保障力量是难以完成的，必须实现军地工程保障力量高度融合，以适应整个战场空间内快速实施高强度的工程保障的需要。要在深入分析军地工程保障力量特长的基础上，按照联合指挥机构首长意图，根据作战的不同层次、不同区域、不同阶段、不同时机，统一筹划，合理确定各自工程保障任务。军地工程保障力量可以分别单独完成某项工程保障任务，也可以深度融合，共同完成一项任务。例如，部队在利用高速公路开进的过程中，遭敌空袭，道路被毁，无法通行，这时可以动用就近的地方工程保障力量和军队工程保障力量共同采取合理的工程措施实施保障。工程保障任务的区分方法：第一，可以按作战时节区分。军队工程保障力量人员、装备机动能力较强，能够适应瞬息万变的战场环境，在任务的分配上，应该侧重在作战的实施阶段使用；相反，地方工程保障力量防护能力、机动能力都比较弱，但是人员装备的作业能力较强，适合在作战的准备阶段遂行任务。对于临时出现的工程保障任务，按照就近的原则调用工程保障力量，确保按照规定时间完成。第二，可以按保障地域区分。地方工程保障力量适宜担负分区或定点保障任务，如在重要交通枢纽的保障中，可优先考虑由地方力量保障，或者由军民工程保障力量共同保障。第三，可以按被保障目标性质区分。有些工程保障任务专业性较强，需要使用军队工程保障力量，比如对指挥所的构筑、抢修、维护和伪装一般由工程兵来完成；机场的构筑、抢修、维护一般由空军工程部队来完成，必要时可以加强地方专业力量配合。对于技术要求不高的一般工程保障任务，比如，构筑急造军路、填塞弹坑、运用就便器材实施伪装等可尽量使用地方工程保障力量。

三是科学确定军地工程保障力量融合运用方式。信息化作战战场环境、作战手段和战略指导的根本性变化，对工程保障产生了深远的影响。保障军事行动的力量已由传统的“以军为主”的格局向“骨干在军、军民融合”的形态转变，运用模式也较以前有很大不同。第一，混合使用。军地工程保障力量混合使用，就是对军民工程保障力量进行混合编组，由军队指挥员统一指挥，地方领导参与指挥，发挥各自特长，科学分工，密切协同，深度融合，发挥最大保障效能。通常是在工程保障任务较重，仅靠军队工程保障力量难以完成时混合使用。例如：机场的抢修抢建，通常任务量大，空军工程部队力量有限，可以动员地方机场工程力量参与保障。在遂行任务中，道面、地面抢修任务量比较大，可以考虑使用地方工程保障力量或在军队专业工程保障力量指导下完成；处理未爆弹药，由于专业性较强，应尽量使用空军工程部队专业力量。第二，独立使用。工程兵，通常采取大部分集中使用、部分向下加强的运用方式，以保障整个作战行动的顺利进行；其他军兵种多以自我保障的方式遂行工程保障任务。地方工程保障力量的独立使用又可分为区域保障和跨区保障两种方式。其中，区域保障是指按地方行政区划分，编组工程保障力量，在本区域内遂行工程保障任务的一种保障方式，通常以路桥公司、建筑企业、养路工人、运输队为骨干，编组区域工程保障队，担负本区域内的道路、桥梁、渡口、码头、机场的抢修和维护等工程保障任务；跨区保障是指由地方工程专业技术骨干为主，配备良好的工程装备器材编组机动工程保障群，跨越行政区、任务区、责任区等遂行任务的一种保障方式。主要任务是在整个战区内，支援部队抢修道路、桥梁，排除与设置各种障碍物，抢修受损的野战工事等。

三、工程保障力量建设发展

未来我军进行的信息化联合作战将主要围绕维护祖国统一，捍卫领土主权和海洋权益而展开，联合岛屿进攻作战、联合海上机动作战、联合边境自卫作战、联合跨域控要作战、联合防空反导作战将成为我军主要联合作战样式。这些作战样式作战强度高、难度大、情况复杂、任务艰巨，信息对抗、火力对抗、远程立体机动、立体攻防成为基本作战行动。相应地，工程保障将主要围绕保障新型高技术打击力量正常发挥作战功能、重要目标安全、战略战役立体机动、快速立体机动攻防而展开，以有效减少敌高技术兵器造成的巨大破坏，提高我军战场生存能力和确保我军重要武器装备发挥作战效能，对敌方实施有效打击，保障我军战略、战役指挥稳定、快速机动，形成攻击部署。

工程保障力量是实施作战工程保障的基本物质条件，平时担负着繁重的战场工程建设任务，战时遂行联合作战工程保障任务，要求各军种和地方工程保障力量结构科学合理，既要与各军种的工程保障任务功能需求相适应，又要与联合作战工程保障整体任务功能需要相适应，实现各军种工程保障力量在专业、功能、结构、任务上的互补，以充分发挥其整体保障效能。经过多年的建设和多次优化调整，我军工程保障力量编制体制、专业结构、功能结构日趋合理，整体保障能力大幅提升，但与平时的战场工程建设和未来信息化联合作战工程保障任务需求相比，仍有较大的差距。必须从我军未来联合作战的任务、样式、要求等整体需要出发，紧紧围绕工程保障任务重点，进一步优化陆军、海军、空军、火箭军和地方工程保障力量的编制结构、专业结构和功能结构，适应未来联合作战工程保障的需要。

（一）加强陆军战略战役工程兵建设

陆军战略战役工程兵主要承担战略首脑指挥工程、战区指挥工程、陆军战役指挥工程、陆军新型作战力量阵地工程、战场重要目标防护工程的建设、维护、伪装和战时的抢修抢建任务。由于战场工程特别是重要的指挥防护工程、“撒手锏”阵地工程地位重要、保密性极强、技术复杂，而且战时它们必将成为敌人袭击破坏的重点，因此为防止军队重要战场工程类别、工程位置、工程构造及关键技术环节在建设中泄密，致使战时难以发挥应有的作用，这些重点工程必须由军队自己的工程专业部队担负构筑和维护任务。而目前我军陆军则是按战略、战役、战斗层次编配工程保障专业力量，且以战役战斗工程保障为主体，工程保障专业力量主要编配在陆军作战部队，保障陆军机动作战、立体攻防的专业力量相对较强，担负战略性工程保障任务的专业力量相对薄弱，主要表现为：工程抢修抢建力量主要编配在集团军所属的工程防化旅（工兵旅），编制为抢修抢建连，下编水平建筑排、垂直建筑排、设备安装排，主要用于战时完善集团军指挥所风水电保障要素和战时抢修抢建机场、高速公路、码头、战略油气管线等，平时可用于境（海）内外军事设施建设，力量相对分散，难以集中形成“拳头”；陆军直属的工程维护总队和战区陆军直属的工程维护团没有编配工程建筑专业力量和主动防护专业力量；工程伪装团作为我军战略工程伪装力量，与战略目标工程伪装需要相比，力量相对薄弱，集团军工程防化旅（工兵旅）编配的战役伪装力量，主要承担战役机动作战伪装任务，战区工程维护团没有编配工程伪装力量，严重影响战略工程保障任务的完成。为此，需要在战略层次增编工程建筑、工程伪装、主动防护的专业力量，以适应平时战场工程建设、维护管理和战时抢修维护的需要，具体可考虑在陆军直属的工程维护总队中增编工程建筑专业力量、主动工程防护专业力量，将陆军集团军工程防化旅（工兵旅）的抢修抢建专业力量集中到战区陆军直属工程维护团，并增编工程伪装、主动工程防护专业力量。

（二）优化海军、空军和火箭军工程兵（工程力量）结构

在未来信息化战争中，海军、空军、火箭军的作战行动是联合作战的重要组成部分，在联合作战的某些重要阶段和时节，他们将起着决定性的作用和影响。例如，夺取制空权、制海权、制信息权，实施空袭与反空袭，封锁与反封锁，海上、空中输送，突击敌战略、战役纵深的重要目标，以及掩护和支援地面部队的机动与作战等，海军、空军、火箭军将承担主要任务，发挥主要作用。同时，海军、空军、火箭军也是敌重点打击对象，加之其高技术装备多、技术复杂，作战行动涉及的战场空间范围大，覆盖陆、海、空、天、电的多个领域和战场，对工程保障的需求高、依赖大。而目前海军、空军、火箭军工程兵（工程力量）数量少、专业不健全、结构不合理、功能不完备，主要表现为海军、空军、火箭军工程兵（工程力量）主要是在平时承担军港、码头、机场、阵地的建设和维护任务的“施工型”力量，保障部队机动作战的野战工程保障力量薄弱，战时组织实施工程抢修抢建的能力严重不足，难以适应信息化联合作战海军、空军、火箭军部队机动作战、立体突击、连续综合保障的需要。为保障海军、空军和火箭军部队安全和整体作战效能的充分发挥，应理顺海

军、空军和火箭军工程部队的体制编制关系，适当增加其工程保障专业力量编制比例，推动工程保障专业力量由以“施工型”为主向以“作战保障型”为主转型。为此，一方面要按照保障海军、空军和火箭军部队机动作战的要求，优化工程保障专业力量的体制编制结构和专业结构，增编野战工程保障专业力量，增强其机动作战保障能力；另一方面要针对战时战场工程抢修抢建任务重、自身抢修抢建能力弱的现实，着眼战时快速抢修抢建以及维护海军、空军、火箭军战场工程设施需要，以战区海军、空军、火箭军所属的工程保障专业力量为主体，以上级加强和友邻支援为补充，以动员的地方力量为后盾，跨建制、跨层次、跨区域抽组若干支平战结合、技术过硬、装备齐全、反应迅速的战区工程应急保障力量，编设水电保障、工程设施抢修抢建专业队、海军水陆两栖工程保障专业队、空军机场抢修抢建专业队、火箭军阵地抢修抢建专业队等，并建立完善的平战转换机制，加强专业战术训练和机动、抢修抢建演练，平时各抽组分队负责所属建制内工程项目的正常施工，战时担负起战区应急机动工程保障任务。

（三）加强后备工程保障力量建设

后备工程保障力量是我军未来联合作战工程保障的基础和支撑。信息化战争战场空间广阔、对抗激烈，工程范围和任务大大拓展，仅靠现役工程保障力量难以完成任务，必须充分发挥好后备工程保障力量在联合作战中的作用，以弥补现役工程保障力量的不足。改变传统就地支前、随军支前、配属支前的保障模式，在力量结构、保障能力和力量规模上与现役力量全面接轨，建成一支既能随时扩编至现役部队，又能与现役部队联合编组；既能成建制独立完成应急保障任务，又能支援现役部队；既能在本行政区域使用，又能在生疏环境地形使用的新型后备工程保障力量体系。为此，应在人防部门和交通战备部门动员组织后备工程保障专业抢修抢建力量建设的基础上，一是重点依托地方相关部门、企业筹建军港、机场、地下和建筑四类工程保障力量。其中，军港工程保障力量，可依托地方港务工程局、航道工程局、桥梁建设、救捞和运输企业组建，战时负责军港的改建、毁损军港的抢修抢建，根据需要对重点军港实施支援保障；机场工程保障力量，可依托民航机场施工企业和重要机场附近的地方高速公路施工企业，按照专业对口、力量均衡的原则组建，战时组织机场弹坑的回填、修复、残渣清理及道面伪装；地下工程保障力量，主要依托地方隧道、桥涵等施工企业进行预编，战时主要任务是负责火箭军常规导弹阵地、地下仓库和各级别地下指挥工程的抢修和伪装，以及保障为人员救生所设置的特殊地下工程等；建筑工程保障力量，依托地方具有一级以上施工资质且拥有相应施工机械和技术人员的建筑公司进行预编，战时主要负责部队专用工程建设、特殊工事抢修，根据实际情况也可以支援陆军工程兵部队和军兵种工程保障。二是做好后备工程力量资源调查、储备工作。各级动员部门要充分搞好地方工程保障力量资源调查，摸清工程保障力量资源的分布和潜力，建立地方工程保障力量动员“潜力”动态数据库，以便战时补充和支援保障力量；根据专业技术兵储备区法案将退出现役预编和未预编的工程专业技术兵尽量编入预备役部队或民兵分队，以便战时现役部队快速动员扩编；在力量储备上要变革储备模式，由原分散储备、劳动力储备向集中储备、专业技术人才储备模式转变。

第六章　工程保障指挥

工程保障指挥是指国家、军队相关指挥员与指挥机关对工程保障行动的组织领导活动。必须根据战略工程保障、战役工程保障和战斗工程保障的实际情况，突出战略、战役工程保障，构建工程保障指挥体系，运用工程保障力量，精准实时评估工程保障效能，提高工程保障效益。

一、建立高效的工程保障指挥体系

指挥体系是各级各类指挥机构按照指挥关系构成的有机整体。它是一种组织形式。指挥体系由各级各类指挥机构构成，彼此由指挥关系连接。根据战略、战役、战斗工程保障的实际特点，工程保障应建立军民一体、上下衔接、简洁科学的指挥体系，对工程保障实施高效、科学指挥。

按照层次，作战工程保障包括战略、战役、战斗工程保障。工程保障的层次不同，其指挥的主体也不相同，指挥体系也不同。

（一）战略工程保障指挥体系

战略工程保障是为准备和进行战争而组织实施的工程保障。基本任务是从战争全局上筹划实施指挥防护工程、战场阵地工程、机动工程和反机动工程的建设与运用（《军语》2011 年版第 796 页）。虽然这里只提到了指挥防护工程、战场阵地工程、机动工程和反机动工程四类，但实际上，伪装工程、给水工程与指挥防护工程、战场阵地工程、机动工程、反机动工程一样，同属对战争、作战行动有重大影响的军事工程，且工程保障本就包括伪装工程保障和给水工程保障，因此也应该将伪装工程和给水工程纳入战略工程保障的任务范畴。更全面地讲，战略工程保障的基本任务是从战争全局上筹划实施指挥防护工程、战场阵地工程、机动工程、反机动工程、伪装工程和给水工程的建设与运用。从战略工程保障内容可以看出，战略工程保障的指挥主体不仅包括军队，还包括国家、政府的领导和相关部门。着眼战略工程保障实际，应建立“国家相关机关部门（军委机关相关部门）—省、自治区、直辖市相关机关部门（战区联合作战指挥机构）”的两级指挥体系。

（1）国家相关机关部门。主要是指与战略工程保障涉及的指挥防护工程、战场阵地工程、机动工程、反机动工程、伪装工程和给水工程的建设相关的国家机关部门。如关系机动工程布局建设的国家交通运输部等。这些国家机关负责平时筹划相关建设中，要一并考虑国防需要，把国防需要与相关基础设施建设结合起来，或者说要把国防需要融入相关基础设施建设中，做到国家经济发展、基础设施建设与国防建设需要的有机统一。

（2）省、自治区、直辖市相关机关部门。是在国家相关机关部门领导下，负责具体组织实施战略工程建设，或者筹划组织实施所辖地区战略工程建设。

（二）战役工程保障指挥体系

战役工程保障是战役军团为准备和进行战役而组织实施的工程保障。基本任务是保障战役军团机动，限制、破坏敌方机动，对重要目标实施战场防护，采取工程伪装措施隐蔽战役部署和企图。

根据战役工程保障的具体情况及我军指挥体制，战役工程保障应建立“战区联合作战指挥机构—作战集团（集群）指挥所—工化（工兵、舟桥）旅（团）指挥所”的三级工程保障指挥体系。

1. 战区联合作战指挥机构

在战役工程保障指挥体系中，战区联合作战指挥机构，在军委联指的战略指挥和战略指导下，负责筹划、组织与控制协调诸军兵种联合战役工程保障行动。目前，在战区联合作战指挥中心，工程保障行动被作为一系列作战行动之一，由联合参谋部作战局相关业务处人员组织实施。

2. 作战集团（集群）指挥所

在战区联合作战指挥机构指挥下，根据本作战集团（集群）作战行动需求，负责筹划、组织与控制协调本作战集团（集群）作战工程保障行动。陆军集团军平时的主要业务部门是参谋部的作战保障处，战时为基本指挥所指挥控制要素工程作战席位。

3. 工化（工兵、舟桥）旅（团）指挥所

战区陆军直属舟桥旅，集团军（西藏军区）属工化旅、工兵旅，新疆军区工兵团，是战役层面的专业工程保障力量，担负着战役工程保障任务。其指挥所负责指挥本部队遂行工程保障任务行动。

二、科学实施工程保障筹划

作为工程保障的指挥主体，各级各类工程保障指挥机构担负着工程保障的指挥重任，具体地说，工程保障指挥活动包括工程保障的筹划、计划、组织、控制协调，所以筹划是指挥的一个活动；工程保障指挥的具体内容包括区分工程保障任务，使用工程保障力量，控制工程保障力量遂行工程保障任务的行动。

关于什么是筹划，目前《军语》（2011 年版）中并没有单独、明确的定义，但有战役筹划、作战筹划、第二炮兵火力筹划等概念，比较研究得知，这里把筹划解释为运筹和谋划，是对各自涉及的主要内容进行研究、预测等创造性思维活动，从而形成基本方案的过程。

根据这一理解，工程保障筹划是工程保障指挥员及其指挥机关对工程保障全局进行的运筹和谋划；是在综合分析判断工程保障情况的基础上，对工程保障目的、工程保障任务、工程措施、工程保障力量、工程保障协同、工程器材保障等重大问题进行创造性思维，进而形成工程保障方案的过程。

工程保障筹划是工程保障各指挥活动中最具决定意义的一个活动，它以工程保障情报信息活动为前提，是确定事关工程保障一系列重大问题的思维过程，是后续工程保障计划组织活动、控制协调活动的依据。各级各类工程保障指挥机构必须根据战争和作战行动的需要，加强工程保障筹划，科学确定工程保障任务，合理区分使用工程保障力量，提高工程保障效益。

（一）工程保障筹划主体

工程保障筹划主体，即担负工程保障筹划职责的指挥人员，包括指挥员和指挥机关人员，指挥员是指相关指挥机构的指挥员，指挥机关人员主要指相关指挥机构中工程保障的主管业务部门人员，如集团军基本指挥所指挥控制要素中工程作战席位人员等。

1. 战略工程保障筹划主体

根据工程保障的层次性，战略工程保障筹划主体，主要是国家层面的有关领导人、有关国家机关部门、军委机关有关部门。有关国家机关部门主要是与指挥防护工程、战场阵地工程、机动工程、反机动工程、伪装工程和给水工程的建设相关的国家机关部门，如国防部、国家发展改革委、住房城乡建设部、交通运输部、水利部等。这些部门的日常业务，需要考虑战略工程保障的内容，如交通运输部在规划国家交通网、国家干线交通路线（包括公路、铁路、水路、管道、民航等）时，需要兼顾战时军队作战行动的需要；水利部则需要结合军队的需要统筹考虑战略给水设施的布局与建设。军委机关有关部门主要是指担负战略工程保障筹划职责的部门，如联合参谋部、后勤保障部、国防动员部等有关部门。其中，后勤保障部军交运输局又兼国家交通战备办公室，在国家交通建设中代表军队参与国家交通工程建设与输送筹划和组织实施。

2. 战役工程保障筹划

由于战役工程保障指挥体系中的三级指挥机构分别是战区联合作战指挥机构、作战集团（集群）指挥所、工化（工兵、舟桥）旅（团）指挥所。因此，战役工程保障筹划的主体应该是战区联合作战指挥中心、作战集团（集群）指挥所。而工化（工兵、舟桥）旅（团）指挥所，虽然执行的是战役工程保障任务（舟桥旅有时还要执行战略工程保障任务），但其还是战术行动，所以这里虽然在指挥体系中是一级，但实际实施战役工程保障筹划的是战区联合作战指挥中心和作战集团（集群）指挥所。战区联合作战指挥中心（战区联指）中没有单设工程保障主管业务部门，而是把工程保障作为一个特殊的作战行动，在参谋长的直接领导下，分别由战区联合参谋部作战局下属各个行动处的人员协助首长筹划包括工程保障在内的作战事宜。作战集团（集群）指挥所中工程保障指挥的主管业务部门，平时是参谋部的作战保障处，战时编成指挥所后是基本指挥所指挥控制要素作战保障组和工程作战席位。

（二）工程保障筹划的内容

工程保障筹划实际上是工程保障指挥的一个思维活动，或一个指挥活动，任务是形成工程保障方案，因此工程保障筹划的内容要围绕工程保障方案的内容来确定。由于战略工程保障主要是为准备和进行战争而组织实施的工程保障，其基本任务是从战争全局上筹划实施指挥防护工程、战场阵地工程、机动工程、反机动工程、伪装工程和给水工程的建设与运用。而战役工程保障和战斗工程保障则是军队为遂行战役、战斗任务而在工程方面组织实施的保障。因此，战略工程保障与战役、战斗工程保障虽然同属（作战）工程保障，但由于层次不同，其主要内容和侧重点也不尽相同。

1. 战略工程保障筹划的内容

战略工程保障是对战略工程的建设与运用，建设主要在平时进行，战时可能会有紧急抢建抢修；运用则包括平时运用和战时运用。所以，在平时和战时，战略工程保障筹划的内容不完全一样。

由于平时战略工程保障筹划主要围绕各种战略工程设施的建设进行，因此，筹划的主要内容包括：战略工程建设的目的、战略工程建设的具体任务与标准、战略工程建设力量编成与部署、战略工程建设与其他建设的协同、其他有关事项等，并最终形成战略工程建设方案。战略工程建设的具体任务与标准是指着眼战争需要，确定在什么地方，建哪些战略工程设施，应达到什么标准；战略工程保障力量编成与部署是指战略工程设施建设有哪些力量可供使用，如何对这些力量进行编组、配置和区分任务；战略工程建设与其他建设的协同是指战略工程设施建设与地方经济建设、国家基础设施建设之间的关系和协同事项等。

战时战略工程保障筹划主要围绕各种战略工程设施抢建抢修和运用进行。战时战略工程设施抢建抢修筹划的主要内容包括：战略工程保障的目的、战略工程设施抢建抢修的具体任务与标准、抢建抢修力量的编成与部署、战略工程设施抢建抢修与其他任务行动的协同、其他有关事项等，并最终形成战略工程设施抢建抢修方案。

战时战略工程设施运用筹划的主要内容包括：战略工程设施运用的目的、战略工程设施使用区分、战略工程设施运用与地方其他力量运用的协同、其他有关事项等，并最终形成战略工程设施运用方案。

2. 战役工程保障筹划的内容

与战略工程保障略有不同，战役、战斗工程保障筹划主要是在战时进行的，是在作战指挥框架内进行的对作战工程保障的组织领导活动。战役、战斗工程保障筹划的内容包括工程保障目的、工程保障重点、主要工程措施、工程保障力量运用与任务区分、工程保障协同事项、工程器材保障等。其中，工程保障目的是指战役、战斗工程保障活动最终要达成的目标，是工程保障筹划时首先要解决的问题，它取决于作战行动的需要，须与整体作战目的保持一致，并符合整体作战企图。工程保障重点包括重点工程保障对象、重点工程保障时节、重点工程保障方向等，一般工程保障以主要作战方向上的主要突击力量为重点，以主要作战时节作战行动为重点，实施战役、战斗工程保障。主要工程措施是指为完成工程保障任务、保障战役、战斗顺利进行，而采取的手段和方法，是工程保障的核心内容，它通常是根据作战行动的需要，针对战场环境的不足而确定的。工程保障力量运用与任务区分是指针对战役、战斗编成内的各种工程保障力量的人员、装备器材、保障能力，合理确定力量运用方式、使用时机、任务区分、战斗编组、配置位置等。工程保障协同事项包括工程保障行动与保障对象行动之间的协同、工程保障行动与其他作战行动之间的协同、各种工程保障行动之间的协同等。

（三）工程保障筹划的要求

工程保障筹划是指挥员与指挥机关对工程保障一系列重大问题的创造性思维活动。工程保障筹划质量的高低直接决定工程保障决策质量，影响工程保障计划组织与控制协调，并进而决定工程保障整体效能，影响作战全局。必须充分把握工程保障特点规律，科学组织实施工程保障筹划。

1. 工程保障筹划必须以充分的工程保障情报信息为基础

工程保障筹划是工程保障指挥活动中的谋划决策活动，是形成工程保障方案的过程，是工程保障决策的思维过程。而决策又是建立在充分的情报信息基础上的。人们常说“信息优势—决策优势—行动优势”，意思是说有了相对于敌方的情报信息优势，才有可能先敌一步实施正确决策、下定正确决心，才有可能先敌一步行动、抢占先机。因此，指挥员、指挥机关必须加强工程保障情报信息工作，通过各种渠道、途径，获取工程保障决策所需的有关敌方、我方、战场环境等各种情报信息；要提高工程保障情报信息的时效性、准确性、连续性；要运用各种技术手段，过滤虚假信息、冗余信息，对真实有效信息进行融合处理，并合理存储、分发，为工程保障筹划提供依据。工程保障指挥员和指挥机关在进行工程保障筹划时，需对获得的工程保障情报信息进行全面分析，准确判断，得出结论，在此基础上再进行工程保障决策。

2. 工程保障筹划必须着眼全局、突出重点

工程保障是着眼战争、战役、战斗的需要而在工程方面组织的保障。工程保障筹划是对工程保障重大问题的谋划决策。因此，工程保障筹划必须着眼全局、突出重点，这是贯彻“两点论”与“重点论”的具体要求。其中，着眼全局，包括应着眼作战全局需要来筹划工程保障，着眼最大限度地发挥工程保障力量整体效能来运用工程保障力量。要善于从作战全局的高度，着眼于保障作战行动顺利进行的需要，合理筹划工程保障任务和标准。应认真分析

各种不同工程保障力量的特点、特长和保障能力，根据工程保障任务，合理区分任务和确定运用方式、编组形式，最大限度地形成和发挥工程保障整体效益。

突出重点，是指在兼顾工程保障全局的同时，应抓住重点作战阶段（时节）、重点任务、重点力量、重点方向实施有重点的保障。其中，重点作战阶段（时节）是指作战全过程中具有关键作用的重要作战阶段（时节），如登陆作战中的突击上陆阶段。重点任务是指工程保障任务中最核心、最重要的任务，如指挥所的构筑、伪装与维护，进攻战斗中直前破障等。重点力量一般是指所有工程保障力量中的技术骨干力量——工程兵，工程兵具有专业的工程技术、工程装备和工程器材，经过专业训练，具有很强的工程保障能力，指挥员和指挥机关人员应重点关注工程兵的使用。重点方向一般是指作战的主要方向。

3. 工程保障筹划必须快速高效

信息化局部战争中，作战行动节奏加快、进程缩短，必须提高包括工程保障筹划在内的作战指挥的时效性和有效性，才能够适应作战要求。工程保障筹划要快，要在认真、全面分析、判断工程保障情报信息的基础上，充分发挥机关人员作用，运用科学的方法，快速高效地作出工程保障决策。

三、精准实时评估工程保障效能

工程保障效能评估是对工程保障效能的评价和估量，是作战评估的重要内容。科学准确的效能评估是进行工程保障决策的重要参考。

（一）工程保障效能评估的内容

工程保障效能评估，从内容上应分为工程保障方案评估、工程保障装备器材效能评估、工程保障行动效能评估。

工程保障方案评估，是在工程保障决策过程中，对于制定的工程保障方案进行评价和估量，并得出结论的过程。在工程保障筹划过程中，指挥机关内工程作战席位人员，通常要根据获取的各种情报信息，针对作战行动需要，立足工程保障能力，制定多种工程保障方案；这些工程保障方案保障目的相同、保障重点相同，但兵力运用和工程措施可能不尽相同，通常各有优点和不足。为了确保工程保障方案最优，通常要对工程保障方案进行评估，得出每个方案的胜率、负率、优点、不足，从而为最终修改方案和确定方案提供基本依据。

工程保障装备器材效能评估，是对工程保障装备器材保障效能的评价和估量。对工程保障装备器材的效能进行评估，是指挥员和机关人员全面、准确掌握各种不同工程保障力量保障能力的重要方法，是合理使用工程保障力量的重要依据。

工程保障行动效能评估，是对各种工程保障力量遂行工程保障任务行动的效能进行的评价和估量。在作战实施过程中，工程保障指挥员与指挥机关人员要适时地对各种工程保障力量遂行工程保障任务的行动，特别是工程兵行动进行效能评估。其主要目的是评估工程保障任务完成情况，是否达到预定目的，工程保障力量战损情况和保障能力等，进而为工程保障控制协调提供依据。

（二）工程保障效能评估的主体与时机

根据工程保障效能评估的目的，工程保障效能评估通常应在参谋长领导下，由工程保障主管部门人员具体组织，军事部门人员与技术人员共同实施。

工程保障效能评估的时机应根据评估内容的不同而各异。工程保障方案评估应在工程保障方案完成之后及时组织，根据评估结论修改方案。

工程保障装备器材效能评估，一般应在收集获取工程保障情报信息时进行，目的是准确评价和估量各种不同工程保障力量的保障能力，为工程保障筹划提供准确的数据和结论。

工程保障行动效能评估，一般在作战实施过程中，当某项工程保障任务接近完成或者完成时，及时对其进行效能评估，以评价和估量原定工程保障任务是否完成，是否达成既定任务，工程保障力量保障能力损失多少、现有工程保障力量的保障能力如何，等等。

（三）工程保障效能评估的方法

工程保障效能评估按方法不同可分为定性评估和定量评估。定性评估主要是由工程保障主管业务部门人员，依据对各种情况，包括人员、装备数质量、任务完成情况等的掌握，凭借自己的经验，在综合分析判断的基础上，得出相应结论，如优、良、中、差等。

定量评估，是由工程保障主管业务部门人员，借助一定的信息系统，如一体化平台、工程保障仿真模拟系统、工程保障评估系统等，输入一定的条件，按照一定的规则，进行仿真模拟，并得出数字化结论，如任务完成率为××%，工程保障力量损失率为××%，并可进一步细化统计不同作战阶段（时节）、不同工程保障力量、不同作战方向工程保障总体效能和某一具体工程保障行动的具体效能等。

相比较而言，定性评估不需要借助信息系统，主要凭工程保障主管业务部门人员的经验和对情况的分析判断得出结论，一般速度比较快，但是不够精确，有一定偏差，而且受人员经验和能力的限制较大，不同的指挥人员得出的结论可能相差较大。定性评估一般用于初步评估，或在精度要求不高的情况下采用。定量评估借助信息系统进行，评估更加科学，结论更加精确，可为指挥人员提供精确、翔实的数据，可以实现精确决策、精确指挥。随着工程保障指挥信息系统、仿真模拟系统等的研发、运用，定量评估将被人们越来越多地采用。

第七章　工程保障装备技术

工程保障装备技术是构成工程保障能力的重要内容，影响并制约着工程保障能力的发挥，并且随着战争发展、高新技术运用，工程保障装备技术能力越来越多地体现了工程保障能力。随着信息技术发展、作战形态不断演变，以信息化联合作战需求为牵引的工程保障装备技术，呈现出与高新技术越来越紧密的依存关系。

一、工程保障装备技术发展的新要求

作战需求永远是工程保障装备技术发展的内动力，不断推动工程保障装备技术向更加高效、快速、智能化方向发展，像产生于第一次世界大战的地雷，第二次世界大战配合登陆进攻的推土坦克、架桥坦克，冷战时期的快速布雷和爆破扫雷技术，以及如今反恐战争中的简易爆炸装置探排技术等，都是伴随着作战需求不断出现、发展进步的。信息化联合作战节奏进一步加快、作战区域进一步扩大、作战力量进一步融合、作战信息占据主导地位，呈现出许多新情况、新特点，对工程保障装备技术发展提出了许多新要求。

（一）工程保障装备模块化

模块化是工业化时代的产物，目前已得到广泛运用，军事上如高度现代化的大型装备、武器系统、航天器和电子设备等复杂的装备系统已经广泛采用模块化的设计方法，对提高武器装备质量、可靠性、缩短研制周期、节约研制成本发挥了重要作用。工程保障装备模块化是提高工程保障装备快速高效保障能力的有效手段，是工程保障装备发展的必然趋势。其主要包括两个方面：一是工程保障装备构件模块化。构件是工程保障单装的基本组成部分，相对于工程装备而言，是最基本的、独立的功能单元，通过标准化接口和相互作用拼装组成工程装备。这种以模块构件研发的工程保障装备，具有可组合性、可互换性，零部件易于维修、替换，是适应信息化联合作战需求，提高工程保障装备野战生存能力、维修保障能力的重要措施，可有效提升工程保障装备可靠性和战场适用性。二是工程保障装备功能模块化。以工程保障单装或多装作业功能和作业量为基础，建立可独立遂行保障任务的保障单元，对不同类型、不同规模的保障任务可通过工程保障装备单元的多种组合方式实施保障，适应信息化联合作战不确定性因素多、应急保障需求大的特点，提高工程保障的灵活性。

（二）工程保障装备标准化

随着工程保障装备技术越来越先进，自动化程度越来越高，涉及的领域越来越宽泛，厘清、理顺多种功能型号工程保障装备，标准化是重要手段。一是与主战装备适配。以陆军重、中、轻型部队主战装备为基础，通过研发改进发展工程保障装备，形成与主战装备在底盘、通信、情报系统上统一，确保工程保障装备与主战装备机动速度一致、通信联络畅通，有相同防护性能，可在相同环境下实施伴随保障。二是相同部队工程保障装备编制统一。适应全域作战需求，相同类型部队工程保障装备编制数量、类型统一，能够在不同作战环境下完成保障任务，也可减少装备调动频率，实现人动装不动。三是功能型号编配一致。精确作战需要精确保障，精确保障需要精确作业支撑，标准化工程保障装备，实施体系化设计，避免功能上交叉重复，同一功能重点发展 1 ~ 2 个型号的工程保障装备，明确装备战技术性能，在确定装备运用时，使指挥员有较清晰的选择对象，避免因类型多、型号杂而导致装备运用上的模糊。

（三）工程保障装备多能化

工程保障特点决定了信息化联合作战中遂行工程保障任务的时间紧、范围广、任务重，工程保障装备资源相对紧张，支援协调较为困难，单一工程保障装备在同一区域遂行不同任务的需求进一步增加，工程保障面临的战场环境更加复杂，客观上要求工程保障装备多能化。一是具有多种作业能力。多种作业能力可有效减少参与完成同一工程保障任务的工程装备类型和数量，缩短作业转换时间，降低被敌发现打击的概率，是提高工程保障作业效能的有效途径。如美军“灰熊”战斗工程车可以完成清扫雷场、排除障碍、破坏道路和克服反坦克壕等任务，具有的综合破障能力将不再需要扫雷滚、直列装药和人工破坏铁丝网等方法，缩短了作业时间，提高了作业效率。二是在满足作业的同时兼具一定的战斗性能。这种战斗性能主要体现在：一方面工程保障装备要安装必要的武器系统，能够进行有效的自卫防卫，如高射机枪、重型机枪等；另一方面，工程保障装备要具有较好的防护性能，确保可载运工程保障力量及多种轻型作业机具，实施伴随保障。例如，美军战斗工程装备虽经过几代更新，但战斗车始终列为最主要的装备，而且都是用它的主力装甲车改进的，20 世纪 60 年代是 M113 装甲运兵车、90 年代是布雷德利步兵战车、21 世纪初是斯特瑞克突击车。

（四）工程保障装备快速化

兵贵神速是古往今来战争制胜法则。信息化联合作战快反速决，“快吃慢”特征更加突显，建设快速反应、灵活机动的作战力量是谋求战争主动、赢得战争先机的必然选择，反应部署快、作用距离远、适应范围广成为陆军作战能力的重要检验标准。工程保障装备建设发展，必须积极适应、有效融入，体现“全域机动、立体攻防”的作战思想，以快速化提高工程保障效率。一是反应速度快，是工程装备快速化的基础，主要包括工程保障装备信息快速获取、与指控单元稳定联通、作业效果的实时评估反馈，需要不断提升工程保障装备信息化建设水平。二是作业效率高，能够满足不同作战样式需要的高效作业能力，是工程保障装备快速化的重要内容。除了狭义上单机单能作业效率外，其还包括两个方面的含义：一方面是上文所述的工程保障装备具有多种作业装置、多种作业能力，向多能化方向发展；另一方面是一种作业装置具有多种作业方式，提高作业可靠性、稳定性。三是机动部署快，具有与主战装备、保障对象相匹配的机动能力和部署能力，是工程保障装备快速化的重要考核指标。世界主要国家军队，无不重视工程装备的快速机动和部署能力。经过历次战争实践，美军确立了“确保机动”的工程保障理论，要求工程保障装备必须具备战略可空运性和战术高机动性，并把发展机动灵活、易于部署的工程保障装备作为提高合成军队机动速度、应急反应能力、快速远程部署能力的重要举措；俄军在20世纪的八九十年代，就已经开始研发可空运、空投的战斗工程车、道路清障车，到如今重型舟桥器材也可以使用米-6直升机采用外悬挂的方式进行空运。法军从20世纪60年代起，就开始研究解决工程装备的空运问题。为确保工程保障装备与我军主战装备建设相一致，工程保障装备快速机动部署主要包括陆上机动性和可空运性，使工程保障装备既能地面跟得上，又能空中运得走。

（五）工程保障装备技术智能无人化

随着人工智能、机器人技术的迅速发展，无人化装备以其机动性强、效费比高、生存力强、环境适应性强等优势，受到各国青睐，取得重大发展。可以预见，智能无人化武器装备，将是未来战场的重要作战力量，充斥陆、海、空、天等多维战场，信息化联合作战已经提出了工程保障装备智能无人化的迫切需求。一是战场感知需求。信息力是工程保障“倍增器”，传统工程保障信息获取方式已然落后于信息化战场态势感知要求，工程保障信息获取、战场感知必须更快、更准、更远，特别是对空间地理信息的掌握利用，可有效提升精确保障效能，这些依赖工程保障无人侦察技术装备。二是生存力提升需求。信息化战争已完全由数量密集型的大集群作战向以高精尖武器装备为基础的精确作战转变，以大量流血牺牲为代价赢取战争胜利的时代一去不复返，需要依靠无人化技术提升人员生存率。三是提高作业力的需求。智能无人化工程保障装备作业将更多依赖数字化指挥系统提供的信息，依靠计算机和智能控制技术进行辅助操作，通过自动化控制技术统一控制工程保障装备系统，实现工程保障装备间的协同作业，提高作业效率，适应信息化联合作战工程保障时间紧、任务重、范围广、头绪多的突出特点。

二、工程保障装备发展的方向与重点

（一）构建类型齐全、结构合理、功能多样、体系化、标准化的工程保障装备体系

工程保障装备具有类型多样、功能各异、使用范围不同、建设投入大、更新换代周期长等基本特点，推进工程保障装备建设发展，必须加强统筹规划、搞好顶层设计，构建科学合理的工程保障装备体系。一是类型齐全，根据工程保障专业要求，工程保障装备包括侦察指挥、渡河桥梁、军用工程机械、地雷爆破、伪装、技术保障6个大类，其体系建设要涵盖各个专业类型。二是结构合理，工程保障装备数量并不是越多越好，在军费有限、保障能力有限的条件下，应构建合理的工程保障装备结构，优先保证专用、战时所需工程保障装备，平时工程保障建设所需装备主要依托军选民用装备。按照重、中、轻等类型，与主战兵种装备相协调，满足需求，管用够用。根据军事斗争准备需求，依据各战略方向特点，构建一定比例的符合战略方向地理环境、作战行动特殊需求的专用工程保障装备。

三是功能多样，适应信息化联合作战节奏快，工程保障任务重、范围广，工程保障装备有限，支援协调相对困难的特点，尽可能满足一种工程保障装备能够实施多种作业的要求，缓解装备保障供需矛盾，提高工程保障装备效能。四是体系化构建。避免功能上交叉重复、不好用不管用的工程保障装备局面，统筹陆军、海军、空军、火箭军等各军种，侦察指挥、渡河桥梁、军用工程机械、地雷爆破、伪装、技术保障等各类型工程保障装备构建，实现装备型号总数进一步压缩，各类骨干装备型号减至1～2个，功能实在管用的工程保障装备体系。五是标准化构建。在装备构件上，能与主战装备一致的零部件要尽可能利用，工程保障装备专用构件要在工程保障装备体系内部相统一；在体系结构上，在满足任务需求的情况下，同类型部队工程保障装备在数量、类型上要一致。

（二）着眼登陆作战需求，重点发展两栖化、快速化、智能化、自航式工程保障装备

依据岛屿特殊的地理环境，其关键作战阶段为登陆作战，跨海攻坚，双方将围绕登陆与抗登陆展开激烈斗争，“破得开”“登得上”“站得住”成为影响战局发展、事关胜负成败的关键。现阶段，敌障碍类型丰富、设障方法灵活多变、设障装备器材多样，“破得开”又决定着登陆部队能否“登得上”，关系着登陆部队的生死存亡，影响着登陆作战的成败，是登陆作战最关键的内容。信息化联合作战，应着眼登陆作战背水攻坚，直接抵滩卸载难度大，需跨越一定水域的需求，有针对性发展两栖工程保障装备；着眼登陆作战协同紧密、时间紧迫的特点，发展快速机动、快

速作业的工程保障装备；着眼登陆作战异常激烈、人员伤亡、装备战损突出的特点，发展智能化、自航式工程保障装备。

（三）着眼边境反击作战需求，重点发展适应冻土作业、效率高、易部署的工程保障装备

中印边境地处高原高寒地区，平均海拔在4500米以上，气候恶劣，自然条件极差。预定作战地区人烟稀少，经济落后，地理环境复杂，多是交通艰难、条件恶劣的闭塞地区。紧贴高原高寒地区环境要求和作战行动需求，应重点研究和发展以下几种工程装备：一是发展高原高寒环境适应性强的工程装备。高原高寒环境下，水和燃油沸点下降，造成发动机温度升高，冷却水易沸腾，装备发动机功率下降。电子元器件、管路、橡胶件、密封件等零部件在高寒、强紫外线、风沙等恶劣环境下可靠性相对降低，故障率升高。要着眼高原高寒地区特点，发展适用于该环境的工程保障装备。二是发展高原高寒环境下作业效率高的工程装备。高原山区环境复杂，许多地区能够用于作业的场地狭小，多种工程装备编组作业和展开困难。地质条件差，岩石、沉积河卵石、冻土、积雪、夹石土等同时存在，作业难度增加、装备极易损毁。应着眼该特点，发展能够在高原高寒复杂条件下作业效率较高的专用工程保障装备。三是发展高原高寒地区易于快速部署的工程装备。高原高寒地区道路路况差、路窄弯多坡度大，通行能力弱，对工程保障装备的机动性、通过性要求高。加之难以在高原高寒地区进行装备器材预储预备，急需发展在战时易于快速部署的工程保障装备。

（四）着眼跨域控制作战需求，重点发展适应寒区作业、机动性能好、作业能力强、一专多能的工程保障装备

跨域控制作战是我军随着周边安全形势和国家利益不断拓展、海外部署持续增加，为有效维护国家和人民利益而提出的新的作战样式，控制是跨域控制战的最终目的和结果，跨域是实现控制的形式和手段，通过对境内外多种领域的有效控制，实现对整个战局发展的掌控。跨域控制作战具有作战行动政治敏感性高、作战行动快速隐蔽性要求高、参战力量手段多方多元、战场环境不可预测性强等突出特点。针对跨域控制作战力量投送时间紧、行动展开快，工程保障时效性要求高的突出特点，重点发展机动性能优越、可空投空运，能够实施伴随保障的工程保障装备；针对跨域控制作战域外战场环境生疏，作战行动攻防结合、行动复杂，工程保障类型多、任务重的特点，发展作业能力强，具有多种作业能力的工程保障装备；着眼现实军事斗争准备，针对在高原高寒地区实施跨域控制作战需求，发展适用于寒区作业的工程保障装备。

（五）着眼海外军事行动需求，重点发展可空投空运、作业装置多样化、高可靠性的工程保障装备

随着我国崛起步伐加快，社会经济不断开放，特别是“一带一路”倡议的提出，我国与世界各国的联系更加紧密，国家利益不断拓展，我国对海外资源、海外市场、海外贸易、海外通道的依赖日益增强，有效维护海外利益，需要强有力的海外军事行动保驾护航。海外军事行动具有国际影响大、政策性强、制约因素多等突出特点，工程保障装备建设必须根据海外军事行动急需解决的问题和不断

拓展的行动需求，着眼远离本土、保障困难，任务频繁、样式多样，独立性相对较强等特点，有针对性地发展专用工程保障装备。针对海外军事行动远离本土、需要战略投送的特点，发展可空投空运、能够快速部署的工程保障装备；针对海外军事行动地处异国他乡，工程保障装备难以得到国内实时支援，保障能力有限，而又需要面对多重工程保障任务的实际，发展具有多种作业能力、能够更换多种作业装置的工程保障装备；针对海外军事行动中，我军工程保障装备与国外工程保障装备技术标准、配件构件不衔接，维修保障困难的实际，发展可靠性、稳定性高的工程保障装备。

三、工程技术发展的方向与重点

（一）发展具有模型构建、三维空间分析、仿真模拟功能的指挥控制技术

信息化联合作战，参战力量越多元、协同配合越高、联合程度越紧密，就越需要精确、实时、高效的指挥控制作保障。实施精确工程保障，必须打通指挥信息链路，伸长指挥触角，拓宽信息网络，构建横向融合工程保障指挥机构、分队和单装平台的指挥链路，使工程保障“神经”更通畅。其中，指挥控制技术是实现工程保障精确指挥的关键，主要技术应包括工程保障决策相关模型的构建技术、工程保障情报信息动态数据库设计更新技术、工程保障实时信息分发共享技术、工程保障专用嵌入式地图数据库技术、嵌入式软硬件集成设计技术、三维数字地图空间分析技术等。其主要实现4项基本功能：一是数字化地形信息支

持，二是辅助决策，三是完整、准确、规范的工程保障信息数据支持，四是战场工程保障情报自动化获取处理。

（二）发展环境感知、光谱动态匹配、智能变色的自适应伪装技术

随着新技术、新材料的不断发展，为适应信息化联合作战高精度、多元化的侦察手段，实时、精确打击的威胁，自古就有的伪装技术正在向着自适应、主动化方向发展，变静态为动态，变消极为积极，变被动为主动。自适应伪装技术，也已成为伪装能力的潜在增长点，吸引各国军队为此全力攻关，如英军正在完善为车辆装备提供全谱段隐身能力的自适应“隐身斗篷”，以色列研究的能使坦克在夜间“躲过”红外夜视侦察和末敏导弹攻击的“黑狐”系统等。自适应伪装技术主要包括威胁告警技术、环境特征感知技术、光谱特性动态匹配伪装技术、自适应伪装材料技术、多波段兼容伪装技术、电磁波耗散结构伪装材料技术、伪装指令主动驱动与控制器设计技术、防偏振探测伪装技术、防激光制导伪装技术等，以此实现主动、自主对抗多元化侦察，有效提高目标生存概率。

（三）发展易于获取携行、发泡膨胀、快速硬化，适于快速抢修的新材料技术

现代战争，作战双方远程攻击、精确打击、高强度打击能力增强，平时暴露、易于侦察的机场、大型交通枢纽以及重要建筑物必要时将成为敌方对我方进行威慑、扼制我方作战力量机动的重要手段，部分目标甚至可能会受到敌反复打击摧毁。用于快速抢修机场跑道、现代大型交通枢纽的新材料技术，将成为工程技术发展的重要内容。此

种技术应主要满足以下要求：一是获取携行方便。敌武器威力大，一旦命中目标，将造成较大破坏，需要使用大量抢修材料，因此，材料造价应较低廉、易于获取，且原有体积质量应满足方便携行存储要求，一旦使用，便可发泡膨胀，迅速填充目标被破坏部分。二是快速硬化。材料应满足应急作战需求，可不必追求耐用性，但须快速硬化，满足时间紧迫以及不小于原有结构材料刚性的要求。

（四）发展自主铺（架）设、智能清障的无人化技术

随着信息处理技术、微电子、光电子、纳米、新材料等高新技术在军事上的运用，极大地推动了无人化武器装备的快速发展，工程保障装备智能化、无人化水平得到不断提高，英国、法国、德国、以色列、俄罗斯的无人工程机械、爆炸物处理机器人都已用于实战。美国更是军用无人车辆研制、运用最积极的国家，它在伊拉克和阿富汗战场配备的侦察、排爆排障机器人达2000多部。此外，外军大型军用工程机械和渡河桥梁装备也在向遥控和无人化作业的方向发展。美军通过开发“标准机器人系统”，技术上已实现了对大部分工程装备通用底盘的遥控化作业。可以预见，未来工程保障装备无人化技术运用将会更加广泛，主要技术包括光学探测技术、目标特征识别技术、信号探测处理技术、机电一体化技术等，基本实现清障排爆装备远程遥控、无人机障碍探测、通用工程装备无人作业等。

（五）发展威胁自动告警、主动拦阻、被动干扰于一体的综合防护技术

防护作为提高战场生存率的重要手段，随着科技发展而不断进步，以多波段侦察探测技术和复合制导攻击发展

为基础，防护系统也在从传统单一、被动防护向综合一体化防护方向转变。美国陆军的21世纪先进技术发展计划中，将综合防护技术列为主要研究与发展项目之一，已成立了伪装、隐蔽、欺骗（CCD）技术研究中心，初步完成了CCD综合防护系统的设计与概念评估，正在进行作战实验室内的动态交互式综合仿真模拟、评估和实际装备的研制。北约一些国家也在积极研制用于防护工程和重要工事的综合工程防护系统。防护技术的发展趋势是：集伪装遮障、假目标、烟幕、干扰装置、传感器等多种手段于一体，聚光电侦察、告警和干扰、拦截功能于一身的综合防护系统，实现由被动防向主被动相结合转变。主要防护技术包括：防护预警技术，配备雷达、激光、光学、红外和电磁等反辐射侦察装置，自主寻的、适时掌握目标区域威胁，进行目标锁定，发出威胁告警；主动拦阻技术，主动击毁弹药或迫使其在安全范围内爆炸，以保障目标的安全；干扰误导技术，设置针对敌方精确制导武器制导系统的各种信息干扰式防护系统，干扰、误导、破坏敌方各种精确制导武器的制导装置。

（六）发展目标特征提取、数字化仿真、多信号模拟的虚拟影像示假技术

示假与隐真相伴而生，是提高战场生存概率的主要手段，经历了由实物光学特征模拟向实物多信号模拟的发展过程，适应信息化联合作战侦察手段多样、侦察精度提高、察打一体的特点，逐步向虚拟影像示假技术发展，以提高示假范围、逼真度，节约成本，提高作业效率。虚拟影像示假技术包括背景与目标的波谱特征提取技术、数字化仿

真技术，以及光学、红外、雷达波、无线电信号和多波段等虚拟影像集成技术。其主要功能包括：一是目标特征提取，通过对目标在光学、红外、雷达、电磁特征的扫描，提取目标在外观以及红外、雷达、电磁信号方面的特性；二是数字化仿真，以全息投影、虚拟现实、数字仿生技术为基础，制作呈现出与目标外观尺寸一致、信号辐射频率相同的虚拟影像。

第八章　工程保障发展趋势

以信息化联合作战需求为牵引，以高新技术为支撑，工程保障呈现出新的发展趋势。

一、工程保障战略性、全局性、支撑性进一步凸显

（一）保证国家战略、战役指挥稳定的作用进一步凸显

尽管时代不同了、对敌打击能力增强了、指挥方式发展了，但大型指挥防护工程对于维护国家稳定、确保国家安全的重要作用没有改变，并且在信息化联合作战侦察全覆盖、打击无死角，其他伪装防护都可能面临严重威胁的新形势下，这种重要基础和作用得到了进一步加强，因此，大型指挥防护工程依旧是战时敌方打击的重点目标。美国MOP 炸弹总质量约为 13.6 吨，对硬目标的破坏深度超过 60 米，堪称“掩体终结者”。2000 磅弹头撞地速度由300 米/秒提高到 1000 米/秒，对混凝土的侵彻深度由 1 米增加到 6 米。电磁脉冲武器和网络攻击武器则能对防护工程内部电子设备、网络系统进行大规模毁伤。为此，构建深埋地下、能够抗击不同类型攻击的防护工事，成为战时国家战略、战役稳定指挥的保证。主体防护层厚度在 400 米以上的美国

夏延山北美防空司令部地下指挥中心，便是这类工程的典型代表，其既是美国全球指挥控制中心，也是美军战时的最高指挥部，可以抵抗近百万吨级的核武器袭击。“9·11”事件发生后，第一道美国境内空中管制命令就从该中心发出，而当时的小布什总统就曾准备进驻此地。未来工程保障仍将在保证战略、战役指挥稳定方面发挥不可替代的作用。

（二）保障战略交通体系运转与作战力量机动的作用进一步凸显

平战结合、军民结合是机动工程的典型特点，具有军地通用的双重属性。国防体系的运转离不开机动工程。和平时期，陆军的基地训练、跨区演习，海军、空军的战备训练，离不开机动工程，甚至是国防设施建设、国防工业生产，都必须有良好的机动工程作保障，必须以机动工程为基础。作战力量的连接离不开机动工程。我国主要战略方向集中于大东北、大东南、大西南等边界、周边地区，与作战力量全域分布的现实矛盾，决定了战时作战力量必定大范围调动、大规模机动、远距离输送，其基础是完善、顺畅的战略机动工程。以机动工程为基础构成的四通八达、输送能力强大的交通网络，是国家战略投送、作战力量转移、作战物资前运后送的有效保障，通过各种机动工程的有机衔接，分布于战场各个空间的力量有效连接为一个作战整体。巩固稳定的边海防离不开机动工程。我国2.1万多千米的陆地边界线和1.8万多千米的海岸线，决定了我国必须加强机动工程建设，建立起边海防与内地间的联系，才能强边固防。因此，工程保障在保障国家战略交通体系正常运转与作战力量战场机动中将持续发挥重要作用。

（三）提高国家战略目标与作战力量生存能力的作用进一步凸显

战场阵地工程，对于战时提高人员、武器装备和重要目标的生存概率，发挥武器装备的使用效能，有效发扬火力具有重要意义。第二次世界大战期间，德国在挪威、法国的西海岸线上下各处建造了大量阵地工程，被喻为“大西洋壁垒”，在与盟军的对抗中发挥了重要作用。20 世纪五六十年代，中国在东南沿海地区修建的岛岸防御工程体系，对粉碎台湾军队进攻大陆的企图，起到了较大的威慑作用。信息化战争中，导弹核基地工程是我国核威慑力量链条上无法替代的重要一环，空军基地、海军基地工程是我国常规威慑力量赖以生存的基石。战场伪装工程，可有效提高价值目标、战略目标战场生存率，达成战略突然性。众所熟知的诺曼底登陆战役中，美英联军于加莱方向实施的大规模工程佯动，有效地欺骗了德军，为战争的顺利进行提供了有力保障。信息化战争中，战略指挥防护工程、大型固定军事目标、大规模军事行动的伪装将会发挥越来越重要的作用。给水工程，对满足人员、装备、车辆和洗消用水需求具有重要意义。从古代街亭之战，到现代战争中英军因喝了未经消毒检测的河水而导致霍乱蔓延，可以看出，信息化作战给水保障仍是战场生存的依托，平时的给水工程建设是给水保障的基础。这些可有效提高战略目标与作战力量的生存能力，发挥作战力量整体效能，仍将是未来工程保障发展的重要方向。

二、新技术、新装备、新器材对工程保障支撑作用进一步增强

先进科学技术是推动工程保障能力提高的源泉和动力，未来工程保障的发展将更加重视高新技术的应用，也更加依赖基于新技术发展的新装备、新器材。

（一）工程保障信息化、智能化离不开高新技术推动

信息化、智能化是工程保障未来发展的必然趋势，在当前战争中初露端倪，而这种发展是以具有模型构建、三维空间分析、仿真模拟功能的指挥控制技术，具有环境感知、光谱动态匹配、智能变色的自适应伪装技术，能够自主铺（架）设、智能清障的无人化技术等一大批高新技术、材料为支撑，是提高工程保障效率的有效途径。如美军《工程兵白皮书》赋予了“确保机动”新的内涵，认为确保机动是合成部队最大限度地规避障碍物并防止敌军采取反机动措施的主动性机动。[①] 美军的“确保机动”强调的不是单纯地排除障碍，可预先通过地理空间系统感知战场态势，利用计算机分析情报、地形信息以及天气的数据，得出通往目标的多条路线，综合分析判断各条路线上的障碍，预先“告知”，以最快捷、高效的方式，保障己方部队机动。这种能力就需要数字化地形空间系统等信息化技术的支援。在伊拉克战争中，美军工程兵依靠预先的障碍感知能力，有效地保障了部队的持续机动与后勤补给线的畅通。

---

① 牛赛．美军工程保障发展新趋势，《工程装备论证与试验》，2005 年第 3 期，第 31 页。

（二）工程保障指控能力提升依赖信息化新技术

指挥控制是作战行动的大脑与中枢，高效的指挥控制是赢得主动的关键因素。未来作战，工程保障指挥控制能力的提升也更加依赖信息化新技术，一方面，未来战争都将以联合作战的方式组织实施，即使是小规模的作战行动，也呈现出战略决策、战役指挥、战术行动的鲜明特点，工程保障有效发挥作用，必然要融入体系、融入联合，客观要求工程保障指挥控制也要与联合作战指挥控制同频共振、同步发展。随着联合作战参战力量进一步多元、作战空间进一步多维、协调控制难度进一步增大，指挥控制必须依靠信息化手段作保障，推动工程保障指挥控制的信息化。另一方面，工程保障的特点是专业类型多、任务范围广，遇有情况协调控制难度大，并且随着战争发展，这种趋势更加凸显，依靠传统的指挥手段，难以跟上信息化战争发展，迫切要求工程保障指挥控制的信息化。

（三）装备器材始终是决定工程保障效能的末端单元

信息化作战工程保障依靠传统“人力 + 谋略”的时代已经一去不复返，决定工程保障效能高低的主要因素将是“装备器材 + 谋略”，而工程保障装备器材效能又在很大程度上决定了工程保障效能的高低，是工程保障效能的末端落实者。基于此，工程保障装备成了新技术、新材料的试验场，同时新材料新技术也为工程保障装备插上了腾飞的翅膀。近年来，外军在工程装备发展中，大力采用高新技术提高工程装备的战术技术性能，以此实现工程装备的数字化、信息化、无人化和智能化，推动工程保障效能提升。

如美军的IRB式舟桥、德军的FSB200式舟桥、法军的F1型带式舟桥，均采用轻质铝合金高新技术材料，美军的MIRADOR侦察和探测系统、ROBAT机器人式遥控作业车等，都采用了无人化技术。

三、工程保障精确化、智能化、无人化程度进一步提升

未来战场大量运用智能化、无人化武器装备系统，作战实效性、空间多维性、打击精确性进一步提升，作为战场重要组成内容的工程保障，必须提升智能化、无人化程度，适应战争发展需要。

（一）工程保障指挥决策进一步信息化、智能化

信息化联合作战，以信息为主导，信息流贯通物质流、能量流。过去作战主要是“机动力+火力”，现在作战更加强调“信息力+火力”，而且信息力起主导作用。战争由大吃小、多吃少，向快吃慢、明吃暗转变，谁赢得信息优势，谁能充分发挥信息力，谁就赢得战场主动权。这种信息力对工程保障而言，不仅由获取情报信息的能力构成，更是对信息的充分挖掘和利用。工程保障指挥决策的过程就是反复挖掘、利用信息的过程，工程保障指挥决策的信息化、智能化可有效提升信息利用的效率，从大情报侦察体系、战场态势的海量信息中，检索出对自身有用的工程保障信息，进行融合、优化，辅助指挥决策，并且这种信息化、智能化程度越高，工程保障信息利用率就越高，决策控制周期就越短，也就越能转化为战场优势。

（二）工程保障装备技术逐步无人化、高效化

工程保障装备技术是制约工程保障效能的关键内容，适应信息化联合作战需求，工程保障装备技术必然要以高新技术为支撑，实现作业无人化、高效化。无人化装备技术可有效降低人员伤亡，在侦察网络战场全覆盖、打击摧毁能力进一步增强的信息化战场上，无人化工程保障装备技术减少敌武器装备对人员的伤亡，保存有生力量。无人化装备技术可提升工程保障效能，无人化装备技术是以信息处理技术、微电子、光电子、纳米、新材料等高新技术为支撑的大系统，智能化程度高，在减少作业时间的同时，能够与其他工程保障装备自主协同完成工程保障任务。无人化装备技术可适应更加复杂的战场环境。由于无人化装备减少了人的直接参与，依靠新材料、新工艺和新技术，装备可适应更加恶劣、更加危险的作业环境，如高温、高寒、高压等，增强装备环境适用性。

（三）工程保障效果趋于集约化、精确化

信息化战争既是一场科技战，也是物质能量消耗战，打击精度提高、火力毁伤程度增大，大量武器装备战损难以避免，战时保障成为影响战争发展的重要影响因素。伊拉克战争中，随着美军向前逐步推进，其运输补给线逐渐延长，伊军非常注重对美军后方基地和运输补给线的打击和破坏，迫使美军不得不抽调两个旅的陆军兵力保卫其后勤运输线，在一定程度上迟滞了美军的作战进程。网络信息系统的发展使主战兵种与保障兵种间实现了信息互换、态势共享，因此，工程保障在预定计划保障的基础上，能够根据战场情况，在最短的时间内准确了解作战力量的保

障需求、保障地点，迅速制订保障计划，依托高效的指挥控制手段，及时、准确地实施工程保障，实现保障资源的集约化、保障效果的精确化。

参 考 文 献

［1］ 中共中央宣传部．习近平新时代中国特色社会主义思想三十讲［M］．北京：学习出版社，2018.

［2］ 全军军事术语管理委员会．军事科学院中国人民解放军军语［M］．北京：军事科学出版社，2011.

［3］ 中央军委政治工作部．习近平论强军兴军［M］．北京：解放军出版社，2017.

［4］ 总政治部．习主席国防和军队建设重要论述读本［M］．北京：解放军出版社，2014.

［5］ 国防大学．习主席国防和军队建设重要论述学习研究［M］．北京：国防大学出版社，2014.

［6］ 董连山．基于信息系统的体系作战研究［M］．北京：国防大学出版社，2014.

［7］ 谭汝坤．作战力量建设教程［M］．北京：军事科学出版社，2012.

［8］ 刘正才，姬改县．工程兵建设论［M］．北京：国防工业出版社，2016.

［9］ 唐振宇，王龙生．作战工程保障论［M］．北京：国防工业出版社，2016.

［10］ 厉新光，董天锋，王延锋．战略投送工程保障［M］．北京：军事科学出版社，2012.

[11] 苏怀东，邢志清．信息化条件下联合作战工程保障研究［M］．北京：解放军出版社，2007.

[12] 姬改县．信息化条件下工程保障能力生成模式［M］．北京：解放军出版社，2009.

[13] 肖天亮．战略学［M］．北京：国防大学出版社，2016.

[14] 张德彬，杨新．信息化战争条件下军队建设前沿理论问题研究［M］．沈阳：白山出版社，2013.

[15] 中国人民解放军海军．海军信息化作战概论［M］．北京：海潮出版社，2014.

[16] 刘一建．制海权与海军战略［M］．北京：国防大学出版社，2000.

[17] 赵峰，郄舟，姚科．现代制海权［M］．北京：海潮出版社，2013.

[18] 郭松岩．现代海战［M］．北京：国防大学出版社，2016.

[19] 卫东，郭杰．陆军工程兵暨院校转型建设［M］．徐州：工程兵学院，2017.

[20] 宋云霞，王云达．军队维护国家海外利益法律保障研究［M］．北京：海洋出版社，2014.

[21] 中央军委政治工作部．改革强军主题教育要点［N］．解放军报，2016－04－05.

[22] 纵强，史益星，宋艳波．大力推进远海作战体系建设［J］．军事学术，2015，(6):54－56.

[23] 刘超．一体化军事工程保障力量建设［J］．军队基建营房，2012，(7):41－43.

[24] 张玉环．对南海方向战略投送力量建设的思考［J］．后勤学术，2013，(5):39－41.

[25] 魏代强，赵表云．新形势下我国海上方向战略预置施行策略举要［J］．军事学术，2015，(11):29－32.

[26] 陈传明．中国海军的未来海上基地建设［J］．现代航船，

2016，(9):20－23.

［27］王彬．推进海上方向军事斗争准备的再思考［J］．军事学术，2016，(10):59－60.

［28］肖祝融，周冬冬，李宝瑜．组建预备役工程保障旅的设想［J］．军队基建营房，2007，(12):18－19.

［29］孙琼，曹世辉．军事工程抢修抢建力量建设浅探［J］．后勤学术，2007，(7):50－52.